光輝物理學家

萊恩·法蘭奇 (Ryan French) ◎著

羅亞琪 ◎譯

恆星太陽

THE SUN

大邑文化

陪伴地球的每日天文奇觀揭密，
極光、太陽黑子、閃焰、燃燒……美麗又危險的謎讓我們無人不曉，
卻是唯一永恆星。

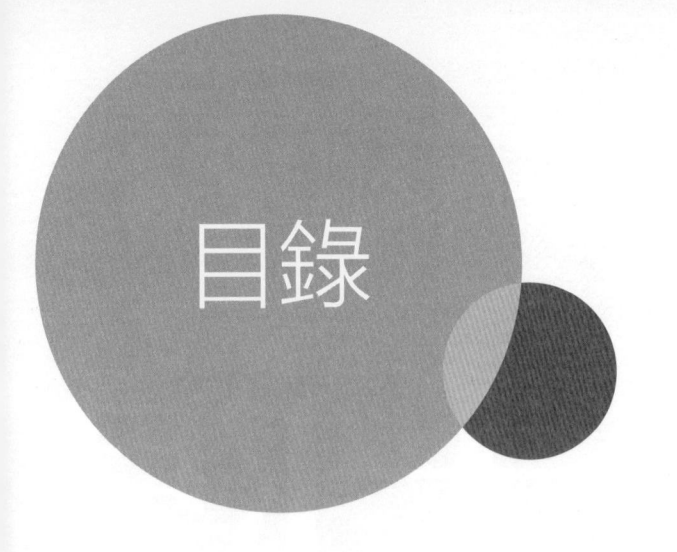

目錄

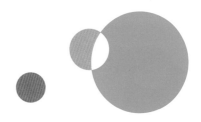

特別注意！

　　在我們開始近看太陽之前，以下事項必須謹慎以待：儘管人類的眼睛能夠適應生活中多數的環境，但「直視太陽」絕對是一個例外。即使本書封面的太陽十分吸引人，但我強烈建議你不要以肉眼直視太陽。接下來的內容將會介紹從古至今的科學家們如何觀測太陽，以及如何自行安全的觀看太陽。

　　在此依舊要重申，若是使用不適當的設備觀看太陽，可能會導致你的眼睛留下永久性的傷害，例如對色彩感覺的變化、出現盲點、影像扭曲等問題。不過也不必過度擔心，只要透過正確的方式，太陽絕對是非常值得一看的美麗天體，敬請期待本書的介紹。

推薦序

最壯觀的天文現象，一生必看的奇觀

國立清華大學天文研究所特聘教授、中華民國天文學會理事長
／江國興

　　在浩瀚的宇宙中，太陽是我們最熟悉的天體之一。從古代文明對太陽的崇拜到現代科學的探索，太陽一直是人類社會不可或缺的一部分。

　　《近看太陽》為我們提供深入了解這顆恆星的絕佳機會。這本書以淺顯易懂的語言，帶領讀者探索太陽的各個面向，從歷史、觀測方法到現代科學研究，內容包羅萬象。更重要的是，作者是一位太陽物理學家。

　　這本書的出現，正好填補了市面上太陽科普讀物的空缺。首先，作者從歷史的角度切入，介紹了人類如何觀測太陽，以及這些觀測對科學發展的影響，例如伽利略因為支持日心說而被終身軟禁的故事。不僅讓我們了解科學探索的艱辛，也讓我們感受到科學家們對真理的追求和堅持。

　　接著，書中詳細描述了太陽的物理特性。從太陽黑子的週期變化到太陽自轉的發現，延伸到太陽的演化與磁場，這些內容不僅增進了我們對太陽的認識，也讓我們了解到太陽對地球和人類生活的

深遠影響。特別是關於太陽物理的描述，作者用淺白的文字和生動的例子，讓讀者能夠輕鬆理解這些複雜的科學概念。

此外，書中還探討了太陽對地球氣候和科技的影響。全球暖化是否與太陽有關？太陽風暴如何影響我們的衛星和電力系統？這些問題在書中都有詳細的解答。作者不僅提供了科學解釋，還給出了實際建議，讓讀者能夠更好的應對可能發生的自然災害。

書中最吸引我的部分之一，是作者提供了豐富實用的指南，幫助讀者進行安全、有效的太陽觀測。特別是日食的觀測，更讓我津津樂道。

日全食是最壯觀的天文現象之一，也是許多天文愛好者一生必看的奇觀。自 1999 年以來，我已經觀測過 10 次日全食，每次的體驗都獨一無二。日全食使我深刻體會到天、地、人之間的互動，那種震撼，絕非筆墨所能形容。

整體來說，《近看太陽》是一本內容豐富、易於理解的科普書籍。**無論你是天文學的初學者，還是單純對太陽有濃厚興趣的讀者，都能從中獲得豐碩的知識和啟發。**

透過本書，讀者不僅能夠深入理解太陽對地球和人類的重要性，更能在夜晚仰望星空時，對這顆恆星產生更加深刻的敬畏和熱愛。

前言

歡迎來到太陽的世界！

我們對於太陽的存在早就習以為常，只要是晴朗的白天都能見到它高掛在天空中。這顆恆星作用似乎只是在東升西落之前提供我們光明與溫暖，然而也正因如此，它確實值得我們（如同數個世紀前的祖先那樣）去重視與認識。看似沒有變化的太陽，實際上非常活躍：它有著不斷翻騰的大氣層，變化的時間尺度從數秒到數個世紀不等。

其中有些過程即使離地球甚遠，例如太陽閃焰（solar flares）與日冕巨量噴發（coronal mass ejections，簡稱 CME）（詳見第 90 頁）都會影響到地表上人類的生活，因為這些現象會造成人造衛星損壞，導致通訊網路癱瘓，甚至讓電力系統跳電、故障。因此，作為人類這樣的物種，就有必要來認識我們的恆星與地球之間的關聯。

太陽造就了現今的一切，如果它當時誕生成一顆稍冷或稍熱的恆星，你現在就沒機會讀到本書了。

太陽的直徑大約是地球的 100 倍，而體積則是約為地球的 100 萬倍（100x100x100，**譯註：體積為長度的三次方**），地球繞行太陽的距離，也約為太陽直徑的 100 倍。儘管上述的數字相當龐大也具有重要意義，太陽的質量在銀河系 2,500 億顆恆星中仍接近於平均

值而已，而且出乎意料的平凡。

在天文觀測上，其他銀河系中的恆星在我們看來僅僅是一個光點，而**太陽最主要的優勢便在於可以就近觀察**，科學家得以利用從無線電到伽馬射線波段的各種望遠儀器，在一分鐘內獲得許多高解析度的資料。因此，科學家們正逐漸開啟通往宇宙的大門，對於太陽這顆最近的恆星的研究成果，也能應用在其他的恆星上。

本書接下來所介紹的太陽，會帶給你耳目一新的感受，我們將探索古代科學家理解太陽的心路歷程，以及重現太陽在遠古先民生活中所扮演的角色。直到本書結束，你會了解許多有關太陽的物理過程與原理，從內部的核融合到表面的噴發現象，並且將這些知識應用到其他遙遠的恆星、系外行星。

最後，你也可以成為觀測太陽的一員，我們將會提供如何在舒適的家中，造訪美國國家航空暨太空總署（National Aeronautics and Space Administration，NASA）以及歐洲太空總署（European Space Agency，ESA）的天文臺，或是從自家院子觀測太陽。無論想在普通的晴天觀測還是打算追逐日全食，這本書都能滿足你的需求。

歡迎來到太陽的世界！

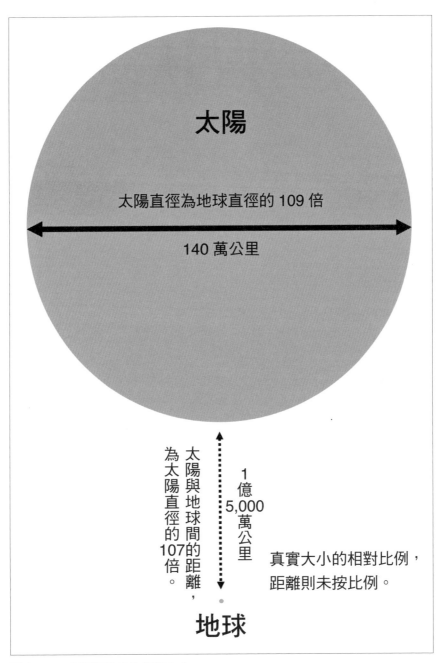

圖表 0-1　太陽與地球的相對大小。

第 1 章

觀測太陽，
有人成名有人坐牢

古希臘在西元前六世紀，已經確信太陽是一顆火球，對太陽與月亮軌道的研究，甚至達到足以預測日食的水準。

　　在現代智人的鴻蒙時期，人類就已經意識到太陽的重要性。它會升起、落下，然後日復一日的出現在天空中，為世界帶來光明、溫暖與安全感（見圖表 1-1）。

　　太陽在天空中的位置與日照時間，會隨著季節而有所變化，特別是當人類從非洲遷徙到更高緯度的地區時，這種現象就更為明顯。

　　早在農耕時代之前，季節的變化便直接影響人類的食物來源與棲身之處，儘管我們的祖先不會知道太陽隨著日期與年歲變化的真正原因，但是肯定會發現這些改變。當人類進入農業時代，與太陽的關聯變得更為緊密，日照的缺乏或過多會導致洪水、乾旱與歉收。

　　儘管地球上這些季節的變化不是來自於太陽的改變（而是因為地球傾斜的自轉軸），但是對於古人來說，太陽還是直觀上改變季節的主因。

　　時至今日，節氣中的夏至（這一天的太陽在天空中會達到最高點，形成一年中最長的白晝）、冬至（一年中白天最短的一天），

圖表 1-1　位於美國亞利桑那州塞多納市的洞穴壁畫，上面可見太陽的圖像。

以及在晝夜平分點上的春分、秋分（晝夜等長），在眾多不同的文化中皆有重要的地位。

這麼巧？各國太陽神都這造型

　　然而，我們無法確切的知道我們的祖先對太陽的看法，因為有文字記載的歷史僅始於五千多年前，占現代人類歷史不到 2%。很多更古老的太陽信仰與故事已經失傳，因此很遺憾的即使曾經存在過，我們如今已無法一窺祖先們對太陽的看法。從某些意義上來說，這些就是最早的太陽科學家，他們以當時能獲得的資訊來解釋太陽的一些現象。

　　顯然人類並未永遠停留在沒有文字的時代，在過去數千年間，有許多繁盛的文明經歷了興衰更迭，它們都與天上的太陽有著各種獨特的關係。這些文明一如他們更早的祖先，也將太陽奉為神明，因為人們意識到，太陽是將光明與溫暖帶來人間的關鍵角色。

　　在古埃及神話中，主神名為拉（Ra），祂是太陽神也是創世之神，有著隼首人身的形象，並配戴托著日盤的頭飾，因此，當時**埃及人所認為太陽的運行，就是拉神正在天空中乘船航行**（見下頁圖表 1-2）。

　　在古希臘早期也有類似的故事，然而不同於埃及乘船的太陽神，古希臘人認為太陽神是一輛馬車的駕駛（見第 17 頁圖表 1-3），根據不同時期或地區的古希臘，祂的名字可能是泰坦海利歐斯（Titan Helios）或是阿波羅（Apollo）。

海利歐斯屬於希臘神話早期的神祇，並未被賦予特別重要的地位，而如今祂的名字則演變成與太陽有關的字首「helio」（例如日心 heliocentri、太陽圈 heliosphere，以及接下來本書會介紹的專有名詞）；至於阿波羅在古希臘文化中則更為重要，祂是宙斯的兒子，也是代表各種事物的神祇，除了太陽外，還包括射箭、舞蹈、詩歌與光明。

你可能已經聽過「阿波羅」這個詞出現在太空相關的領域，因為 NASA 讓 12 名太空人在 1969 年～ 1972 年間登陸月球的太空計畫，就以阿波羅來命名。然而這樣的命名方式相當奇怪，因**為阿波羅是太陽之神而非月亮之神**，至於近十年 NASA 準備重啟的載人登月計畫，就以阿提米絲（Artemis）來命名，這樣的命名更為合理，因為阿提米絲是阿波羅

圖表 1-2　古埃及神話中的太陽神——拉。當時埃及人認為太陽的運行，就是拉神正在天上乘船航行。

的雙胞胎妹妹，而祂的身分在希臘神話中……。

沒錯！你猜對了，阿提米絲就是月神。古希臘人逐漸對於太陽有更多的了解，最終在西元前六世紀，他們已經確信太陽是一顆火球，對太陽與月亮軌道的

圖表 1-3　古希臘人認為太陽神是一輛馬車的駕駛。圖為萼形酒海上的太陽神泰坦海利歐斯與其戰車的形象。

研究，甚至達到足以預測日食的水準（儘管他們仍相信是太陽在繞行地球）。

古羅馬與古希臘的神話有很多相似、重疊之處，許多神祇也有對應，例如宙斯（Zeus）與朱比特（Jupiter）、波賽頓（Poseidon）與涅普頓（Neptune）。如同希臘神話中的阿波羅與阿提米絲，古羅馬人也相信太陽神與月神是一對兄妹，祂們在羅馬神話中分別是索羅（Sol，譯註：或譯「索爾」，但容易與北歐神話的雷神「索爾」〔Thor〕混淆）和露娜（Luna）。與希臘神話的海利歐斯一樣，拉丁文中的「sol」與「luna」仍然存在於英文當中，用來描述和太陽、月亮相關的詞彙（例如 solar 與 lunar）。

將太陽奉為神明，並不是歐洲和非洲北部古文明的獨有現象，從古代中國到印加，以及前伊斯蘭時期的阿拉伯，世界各地都有對

太陽神的崇拜。在墨西哥北部的古阿茲提克帝國所崇拜的太陽神，則稱為維齊洛波奇特利（Huitzilopochtli）（見圖表 1-4）。

　　對阿茲提克人來說，祂是戰爭之神、太陽神與活人獻祭之神。維齊洛波奇特利揮舞著火焰之蛇作為武器，因此便與天空中熾熱的太陽連結在一起，而阿茲提克人相信為了讓太陽神能在隔日升起，

圖表 1-4　古阿茲提克帝國的太陽神及戰神——維齊洛波奇特利，也是阿茲提克人獻祭的對象。

保護他們不會身陷無止境的夜晚，必須以活人獻祭。謝天謝地，如今的太陽研究不需要任何人命犧牲。

在過去的幾百年間，人類對於太陽的知識有著爆炸性的成長，今天的太陽物理學家（研究太陽的科學家）得以使用各種望遠鏡、太空船以及強大的電腦計算能力，這類都是早期科學前輩們無法想像的工具。當伽利略在 1609 年發明望遠鏡時，是否想過有一天望遠鏡能不受地球引力的束縛，翱翔於太陽系呢？

橫跨 400 年歷史的文獻，只出現一張太陽插圖

想像一下你現在是一位僧侶，生活在 1128 年英國的伍斯特郡（Worcester）（如果你已經是一位僧侶，那麼更能感同身受）。今天醒來，做著當時大部分英國僧侶在早晨都會做的事情，接著一如往常的走到外面，只是今天稍微有點不同，朝陽剛剛在晨霧中升起。

這時的太陽只上升到比地平線高一點點的位置，同時又有足夠的霧氣，形成了能短暫以肉眼觀看太陽的條件（請注意：即使你遇到相似條件，也請避免直視太陽），於是你作為一位十二世紀的僧侶，在瞥見太陽的瞬間注意到一些不尋常的地方，與過去人生中所熟知的均勻圓盤不同，今天的太陽上有兩個大圓窟窿，分別在太陽赤道的兩側。

下頁圖表 1-5 繪製了當天太陽的樣貌，假如你現在是看到這個

畫面的那位僧侶，幾乎沒有任何關於太陽的先前知識，你會有什麼想法？你要如何解釋你所目擊的現象？在歷史上的這個時期，歐洲人認為地球是宇宙的中心，而太陽、月亮與星辰正圍繞著我們，恆定、完美且不變的運行。如果你是那位僧侶，會不會認為自己正目睹太陽上出現了一個洞，也許是一條隧道？那隧道中又有什麼？是不是一條龍，抑或是一個惡魔？如果你在當下，會有何感想呢？

這張圖由伍斯特的約翰（John of Worcester）所繪製，收錄在《伍斯特編年史》（*Worcester Chronicles*）中，這是一部記載英國在734年～1140年的重要歷史文獻，約翰是其中也是最後一位作者。

然而約翰看到這番景象時的真實想法，我們已無從知曉，畢竟

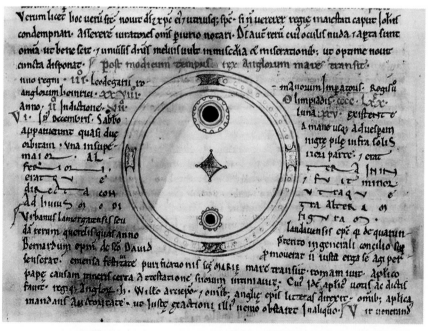

圖表 1-5　《伍斯特編年史》中太陽黑子的插圖，是目前已知最早的觀測紀錄。

在當時對天上出現的瑕疵有過多的推測，很可能被視為異端邪說，唯一確定的是無論他怎麼想，一定認為這是一個重要事件。在數百頁的《伍斯特編年史》中記載了長達 406 年的歷史，卻只有寥寥的 5 張圖像，其中 3 幅繪製了英格蘭國王亨利一世（Henry Ⅰ）的夢境，一幅是耶穌基督在十字架上受難的樣子，最後一幅就是那天的太陽。

約翰也記載了之後兩年，也就是 1130 年所發生的一次日全食，但是他並未繪製日食天文現象的插圖，顯然相對來說，日食比不上那日清晨的太陽。

伍斯特的約翰繪製這些太陽上帶有奇怪黑點的特徵，如今成為一項非常重要的紀錄，因為**這是目前已知太陽黑子最早的觀測紀錄**。雖然更久以前可能已經有人觀測到，卻沒有留下圖繪，而在約翰之後的 500 年也是如此，直到伽利略發明望遠鏡之後才又有新的記載。

伽利略因為日心說，被終身軟禁

1609 年～ 1610 年是人類天文學發展史最大的轉捩點，義大利天文學家伽利略·伽利萊（Galileo Galilei）利用一片透鏡製造了一架望遠鏡，並且將它指向天空（望遠鏡的發明要歸功於誰，已經是難以回答的問題，但伽利略無疑是第一位將其用於天文研究的人）。

在接下來的數年當中，**伽利略成為人類歷史上第一位看到土星環、發現木星四大衛星（因此也稱為伽利略衛星）以及月球山脈的**

人。然後……正如你預料，他也將望遠鏡對準了太陽。起初為了避免傷及眼睛，他只能在日出與日落時觀測，然而最終伽利略改用了更安全的投影法來觀測太陽（詳見第 151 頁）。

當伽利略開始觀測太陽，很快就注意到這些叢聚的小黑點，也就是太陽黑子。他做了系統性的觀測，將太陽黑子在太陽表面上的變化與移動的型態描繪下來。同時他也注意到太陽看起來會像地球一樣自轉，因為太陽黑子與一些表面特徵會從左邊出現，然後橫越太陽表面，接著從右側邊緣消失，這個過程大約需要數週的時間。

伽利略也辨識出太陽黑子具有結構，其外圍部分較中心更為明亮（但是比起太陽表面的其他位置，依然更顯黯淡），此外他也記錄了太陽黑子每日的變化，有些黑子的出現與消失只在幾天之間。圖表 1-6 為伽利略側繪太陽黑子的一個例子。

伽利略對於太陽與夜空知識的追求，很不幸的讓他深陷許多麻煩之中。當他看到越多，他就更相信太陽系的日心學說（heliocentric）模型——太陽系的中心為太陽，不是地球。在當時的歐洲，這項觀念非常新穎但受人排斥（特別是伽利略的祖國義大利），該項學說是 1543 年時，由波蘭數學暨天文學家

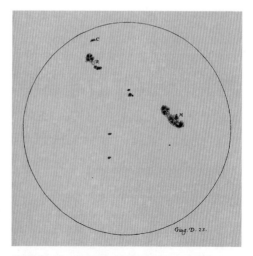

圖表 1-6　伽利略在記錄太陽黑子每日變化時，繪製的太陽黑子。

尼古拉・哥白尼（Nicolaus Copernicus）所提出。

　　伽利略因為提倡日心說而被指控為異端，並於 1633 年受審時提出辯解，最終以接受終身軟禁的方式取代死刑，並在家中度過餘生。伽利略於 1642 年的耶誕節去世，享壽 77 歲，神奇的是在那一天，歐洲的另一端誕生了另外一位偉大的科學家——艾薩克・牛頓（Isaac Newton）。

　　早在受審與被軟禁之前，太陽已經給伽利略帶來其他的麻煩，儘管他經常對太陽黑子進行詳細的描繪（**譯註：伽利略在素描上有相當的造詣**），但是他與其他天文學家對於他們看到的現象毫無頭緒，不像圍繞木星的衛星與月球山脈，太陽上的暗斑抽象又難以理解。因此，藉由典型的科學方法，天文學家開始試圖解釋太陽黑子呈現出這些特徵的原理。

　　面對太陽黑子之謎，最先試圖提出可能解答的其中一位科學家，是來自德國的天文學家克里斯托福・沙伊納（Christopher Scheiner），他提出一種假說，認為所謂的太陽黑子其實與太陽無關，而是「非常靠近太陽的一群小行星」。然而這個假說很快就被伽利略推翻，並表明太陽黑子會與太陽一起自轉，並非獨立於太陽。

　　雖然太陽系中的水星、金星確實會以這種方式經過太陽表面，但是明顯與太陽黑子不同。儘管沙伊納錯誤解釋了太陽黑子，然而這卻是一個超前數個世紀的觀念，今天科學家就是以這種方式發現系外行星（公轉繞行其他恆星而非太陽的行星），其原理是當恆星亮度出現週期性下降時，可以推測在人類視覺方向上，有行星正好掩蓋到母恆星的光芒。

　　可惜的是，沙伊納生不逢時，還要很久之後才有研究系外行星的科學。因此，當新的發現與現有理論產生矛盾時，舊有的理論必須藉由科學方法改進，從而解釋新的現象，否則就會被推翻，上述的例子就是如此。

　　隨著伽利略發現太陽黑子會隨著太陽自轉，他認為它們「可能是太陽大氣層中的雲狀結構」，如果我們看他當時的素描紀錄，就可以知道為何會有這種想法，畢竟太陽黑子較明亮的邊緣，確實看起來有雲霧般的質地，所以將它們與地球的天空中，同樣細緻的物

圖表 1-7　地心學說中的太陽系模型，繪製於 1660 年。

體——雲——來相提並論，並非牽強附會。

　　也許沙伊納記得伽利略反駁過他先前的理論，於是又提出一個不同的理論來反擊伽利略，沙伊納反駁雲狀結構的想法，稱太陽黑子更像是「鑲嵌在太陽明亮大氣中的緻密物體」。也就是說，沙伊納認為太陽黑子更類似於海中的島嶼，而非天空中的雲。最終，無論是伽利略還是沙伊納的理論都不正確，可是兩位卻都沒有活到得知真相的那一天，因為在那之後的 200 年，關於太陽黑子的研究都沒有任何重大進展。

圖表 1-8　日心學說中的太陽系模型，繪製於 1661 年。

全球暖化是人為，與太陽無關

　　威廉・赫雪爾（Wilhelm Herschel）出生於 1738 年的德國，在他長壽的人生中獲得了非常多成就，其中一項是他在 1785 年時，利用英國國王資助的 4,000 英鎊，建造一架超乎想像的科學儀器。他成功製作出一架長 12 公尺、底端主鏡片（物鏡）直徑 1.26 公尺的望遠鏡（見圖表 1-9），這架望遠鏡並非採用伽利略原先的設計，

圖表 1-9　赫雪爾建造的「40 英尺望遠鏡」，是當時最大的望遠鏡。

而是改用在赫雪爾前一百年，最早由牛頓提出的反射鏡概念（譯註：**伽利略的望遠鏡是以如同放大鏡的透鏡為物鏡，稱為「折射式望遠鏡」；牛頓的設計則以如同鏡子的凹面鏡為物鏡，稱為「反射式望遠鏡」**）。

在當時，赫雪爾這架「40 英尺」（編按：約 12 公尺）望遠鏡是最大的望遠鏡，同時也是自古以來最大的科學儀器。不過這個說法取決於對科學儀器的界定，有些人認為巨石陣，甚至是金字塔，因為建造方式與結構對應著星辰，某種程度上可將其視為科學儀器。

無論如何，赫雪爾打造的望遠鏡有著輝煌的意義，為探索天空帶來許多新的發現，即使以今天的水準來看，一架「40 英尺」的望遠鏡也是十分強大的。赫雪爾利用這架望遠鏡最著名的發現是天王星，它是距離太陽第七遠的行星，也是當時已知的第七顆行星，至於第八行星的海王星，一直要到赫雪爾去世 24 年後的 1846 年才被發現。

赫雪爾還發現了土星的兩顆衛星：土衛一（Mimas，又稱為「彌瑪斯」）──一顆看起來像電影《星際大戰》（*Star Wars*）中「死星」而聞名的衛星（見下頁圖表 1-10）；土衛二（Enceladus，又稱「恩克拉多斯」）──一顆表面被冰層覆蓋，且冰層底下有全球性液態水海洋的衛星（見下頁圖表 1-11）。

天文學界相當敬重赫雪爾本人以及他的研究，他在 1820 年被任命為英國皇家天文學會（Royal Astronomical Society）第一屆會長，兩年後與世長辭，享壽 83 歲。

與當時許多研究夜空的天文學家一樣，赫雪爾也涉足太陽物理

學，但是在該領域中就沒有像他在其他領域那樣受人敬重。為了研究太陽與地球氣候之間的關聯，赫雪爾蒐集 1779 年～ 1818 年共 40年的太陽黑子紀錄，並將太陽黑子數量的變化趨勢與小麥價格進行比較，這在當時確實是一種獨特的方法。

在他的想法當中，認為小麥價格會隨著小麥每年的供應量而有所變化，這便可以反映歐洲的氣溫。於是若能找到太陽黑子數量與小麥價格的關係，將提供太陽週期性影響地球氣候的證據，可惜赫雪爾在他蒐集的資料中並沒有發現這種關係。

太陽與地球的氣候之間，有著多元且複雜的關係，至今這仍是一個研究中的領域。**我們目前已經確信全球暖化是人類造成的結果，與太陽的活動無關**（自 1980 年代以來，太陽的活動一直穩定的下降）。

在蒐集太陽黑子觀測資料的過程中，赫雪爾與之前的伽利略、

圖表 1-10　土衛一（彌瑪斯）因看起來像電影《星際大戰》的「死星」而聞名。

圖表 1-11　土衛二（恩客多拉斯）表面冰層底下有全球性液態水海洋。

沙伊納一樣，也對太陽黑子的真實成因提出假設，他認為**太陽黑子是「太陽上明亮大氣層的開口，使得我們可以看見更深層而較冷的表面」**。當你讀完本書而對太陽更了解時，你應該會發現這個假設相當準確，比起伽利略、沙伊納或那位十二世紀的僧侶更接近太陽黑子的真實樣貌（雖然赫雪爾確實擁有更好的工具，以及更多前人累積的知識）。可惜的是赫雪爾對太陽黑子多了一句描述，完整的原句是「太陽上明亮大氣層的開口，使得我們可以看見更深層而較冷的表面，可能有生物棲息在這裡」。

沒錯，就是這位世界級的發現家，也是皇家天文學會第一屆會長的赫雪爾，竟然認為太陽表面有適合生物生存的區域。對於如今的我們而言，這似乎是一個荒唐的說法，但是我們之所以覺得荒唐，是因為現代對太陽的了解，遠勝於赫雪爾所在的十九世紀初。然而即使在當年，提出太陽表面可能存在生命的想法也是相當荒謬。

我相信這則赫雪爾的故事會是一個很好的警惕，不僅是在太陽物理學或是天文學領域，在生活中也是如此。值得所有人銘記在心的是，即使最有資格、成就非凡或才華洋溢的人，有時都會犯下難以收拾以及令人瞠目結舌的錯誤。

黑子變化有規律！每 11 年為一週期

到了十九世紀中期，太陽黑子的難題變得越來越奇怪，不過接下來一位德國的天文學家海因里希・史瓦貝（Heinrich Schwabe），

偶然做出一項永遠改變太陽物理學的發現。

在這個前現代時期（約十六世紀～十九世紀），物理學上有很多「意外的發現」，這是由於當時可用的科學儀器的能力，已經能進入人類未知的範疇，因此科學家經常面對非常多的事情——觀察到奇怪的事物之後，試圖獲得科學上的解釋。

今天有關太陽物理學的研究已經不可同日而語，我們擁有先進的理論、可計算的模型以及模擬能力，這些都能夠對太陽的難題提供合理的解釋（也是本書接下來會探討的部分），但是目前觀測儀器能力的極限，也只是剛好能提供可信的數據來佐證可能的解釋。

海因里希·史瓦貝原先是打算尋找在太陽系中，比水星更接近太陽的行星，如果存在如此靠近太陽的行星，那將無法在夜空中觀測到，於是史瓦貝計畫等待這顆假設中的行星經過太陽前方，藉此來觀測這種稱為「凌（日）」（transit）的現象，該現象發生於當一顆比地球更靠近太陽的行星，在我們視線上經過太陽前方的時候。

水星和金星的凌日現象（詳見第 180 頁）可以在地球上觀測到，一個世紀中只會發生數次，在天文學中屬於相對罕見的現象，但若距離太陽越近，凌日的現象就會越頻繁。

史瓦貝計畫在 1826 年～ 1843 年之間每日觀察太陽，從太陽黑子當中分辨出可能的行星，然而他的努力徒勞無功，並未找到這種行星，不過卻有其他令人振奮的發現。

當史瓦貝試圖從他對太陽黑子的 17 年觀測紀錄中，找尋一顆不存在的行星時，他注意到一些異常之處。當時已經知道太陽黑子的數量並非恆定，而是會隨時間變化，而史瓦貝進一步發現這些**太**

**陽黑子數量的變化，其實存在一個 10 年的週期，也就是說每隔 10
年太陽會迎來最多的黑子。**

　　事實上，太陽黑子數量的平均週期是 11 年，但是對於他只有
17 年的觀測數據而言，能夠推估出 10 年的週期，已經相當準確（見
圖表 1-12）。在往後的一個世紀，不斷有科學家研究太陽週期做出
重大貢獻；可惜的是對史瓦貝而言，如今人們談論太陽週期時，想
到的多數是在他之後的學者。

　　當得知史瓦貝發現太陽黑子的週期之後，瑞士天文學家約翰·
魯道夫·沃夫（Johann Rudolf Wolf）即進行更深入的研究。他利用
自 1755 年開始的太陽黑子紀錄，發現太陽的平均週期為 11.11 年，

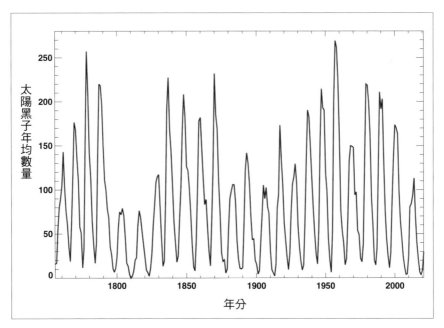

圖表 1-12　太陽黑子的週期。

並且建立命名太陽週期的規則，但由於找不到 1755 年之前充分的太陽黑子紀錄，因此將 1755 年～ 1766 年的這段期間命名「太陽第 1 週期（太陽週期 1）」。

史瓦貝進行研究時，太陽正處於第 8 週期，而沃夫進行研究的 1852 年則是在第 9 週期中，這項命名規則仍然沿用至今。太陽第 24 週期於 2019 年結束，**本書印刷時正處於太陽第 25 週期**（2019 年～ 2030 年）。

沃夫之所以找不到 1755 年（太陽第 1 週期）前可靠的太陽黑子觀測紀錄，單純是因為觀測不到太陽黑子，那時的太陽正陷於一個太陽黑子活動異常少的週期當中，使得沒有足夠的太陽黑子可以看出以 11 年為週期的變化。

如果當時的太陽沒有歷經這種活動沉寂的狀態，相信更早的天文學家如威廉・赫雪爾，就會先發現太陽週期。

太陽自轉週期，啤酒廠老闆發現的

有時是天文學家，有時則是啤酒廠的老闆，即使在今天，理查・卡林頓（Richard Carrington）這種「斜槓」的職業組合也非常有趣。

卡林頓在 1850 年代也對太陽進行每日的觀測，如同數十年前的海因里希・史瓦貝一樣，但不同的是卡林頓的目的並不是為了尋找一顆神祕的行星，而是試圖找到太陽的旋轉週期。這是一個看似簡單、實則不然的任務。

我們先來看看地球這顆行星，它與火星、金星和水星一樣，都有堅硬的固態表面，即使地球表面會因為地殼下有熔融的地函而變化，但是這種變化的時間尺度遠遠大過行星的自轉。因此測量地球的自轉就十分容易，只要在按下計時器的同時，觀察天空中某個天體的位置，當這個天體再次回到原來東－西方向的位置時，按下停止，就可以輕鬆得到地球的自轉週期（由於地軸的傾斜，當這個天體回到原來東－西向的位置時，可能會些微向南或向北飄移）。

在地球上的任何地方，這項實驗屢試不爽。但是地球自轉週期的測量結果，還是會取決於你選擇的天體，如果選擇的是任何一顆恆星，那麼準確來說，你將會在 23 小時 56 分又 4 秒後，看到它出現在與昨天相同的東－西方向上，這就是實際上地球自轉一圈需要的時間。

你可能會覺得奇怪，我們在地球上的一天，應該是定義成 24 小時整才對吧？沒錯，因為**地球上的一天，並不是單純定義為地球自轉 360˚的時間，而是太陽重回天空中同一位置所花費的時間**，這意味著參考的天體是太陽而非其他的恆星。

因此，雖然地球以 23 小時 56 分又 4 秒就可以完成一圈自轉，但是地球同時也在繞行太陽公轉的軌道上，前進了一段距離，因此地球還需要再自轉 3 分 56 秒，才會使地球上看到的太陽回到與昨天（在東－西方向上）相同的位置，而昨夜的星辰將比太陽提早 3 分 56 秒。

這樣的差別在日積月累後，就可以解釋為何夏季與冬季的夜空有不同的星座（例如獵戶座在北半球只會出現在 10 月到隔年 4 月的

夜空中）。此外，若是將這相差的 3 分 56 秒乘上一個完整的地球公轉週期（365.25 天），你將得到 24 小時，也就是說每年同一天的同一時間，天上的恆星都會在相同位置上（**譯註：事實上地球公轉的運動與軌道還有更多複雜的狀況，自轉也有進動等其他現象，這些都會影響地球上觀測到恆星的位置與時間，本段的敘述僅呈現生活中易於觀察的部分**）。

　　計算其他固態行星的自轉週期也不困難，只需要找到該行星上一個可以識別的特徵，等待這個特徵出現在相同位置，就可以得到該行星與地球的相對自轉週期，接著將這段期間中，彼此的公轉運動納入修正，就能計算該行星的實際自轉週期。

　　對於沒有固態表面的行星而言，它的自轉週期將難以估算，因為在行星表面下的各種深度，甚至是表面上的不同緯度，都可能有不同的自轉速度，這種現象稱為「差異自轉」（differential rotation，或譯為「較差自轉」），使得難以找到足以代表該行星自轉週期的特徵。例如時至今日，我們對於土星自轉週期的測量，仍然有很多未能確定的部分。

　　測量太陽自轉也是一項巨大的挑戰，即使太陽黑子是一項清晰的特徵，我們得以追蹤它在太陽表面的運動，但是太陽黑子在太陽的赤道與高緯度地區，卻有不一樣的速度（**譯註：指轉動速度或角速度**）（見右頁圖表 1-13）。

　　理查・卡林頓是第一位詳細研究太陽差異自轉的人，並將太陽中緯度地區設為基準，觀察到此處的旋轉週期為 27.3 天，由此創造一套定義太陽自轉週期的系統，至於太陽赤道區與極區的自轉週

期,則與這項數值有著幾天的差異,赤道的自轉週期為 24 天,極區則超過 32 天。

卡林頓將這種以太陽中緯度的旋轉代表太陽平均自轉的方式,命名為「卡林頓自轉」(Carrington rotation),**如今卡林頓自轉仍是測量太陽自轉的標準**。

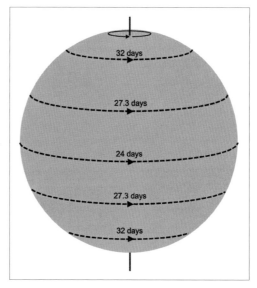

圖表 1-13　太陽在不同緯度上的自轉週期。

好想看極光……但小心電器故障

1859 年,卡林頓的一項發現永遠改變了人們對太陽的看法。

在為了研究差異自轉而對太陽黑子進行的例行觀測中,理查・卡林頓獲得一項震驚科學界的發現。儘管人們無法知曉卡林頓確切目睹的現象,但是科學家們知道這是一件大事。

1859 年 9 月 1 日星期四,一如既往觀察太陽黑子的卡林頓,注意到有些未曾在太陽表面見過的新現象,在一組太陽黑子當中出現了一些明亮的特徵。這些特徵的形體、尺寸與位置會在太陽黑子內逐漸變化,過程歷時數分鐘。

　　圖表 1-14 是卡林頓當時以素描記錄的特徵,並將這些特徵以 A～D 的字母標示出來。如果當時只有卡林頓觀測太陽,也許就會受到質疑,畢竟對當時的天文學家而言,太陽黑子已經有兩百多年的觀測歷史,卻未曾有人觀察到這種即時變化的現象。所幸在數英里外,另外一位天文學家理查.霍奇森(Richard Hodgson)也獨立觀測到相同的事件,對於卡林頓與霍奇森而言,他們確實目擊了一件怪事,但是接下來在世界各地發生的事才是真正的發現。

　　在卡林頓與霍奇森觀測到這個現象之後不到 18 小時,人類就目睹有史以來最璀璨的極光表演,在北半球的極光(aurora)——更常稱為北極光(aurora borealis);在南半球則稱為南極光(aurora australis)。

　　極光觀測在人類歷史上由來已久,但通常僅限於接近極區的高

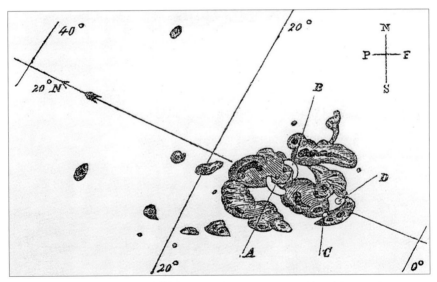

圖表 1-14　理查．卡林頓在太陽黑子中,觀察到 A～D 四處相對明亮的特徵。

緯度地區，然而在 1859 年 9 月 1 日的這天晚上，一場史無前例的大範圍極光秀，在夜空中以難以置信的樣貌呈現，令所有的目擊者印象深刻。

當這場極光秀開始時，北美洲正值夜晚時分，北極光的目擊者所在的位置中，最南方遠達佛羅里達州、古巴與墨西哥，甚至是哥倫比亞。當夜晚隨著地球自轉橫越太平洋，來到彼岸的亞洲時，夏威夷、日本南部以及中國南方，也都有人見證了當地首次的極光。

歐洲在 9 月 2 日迎來夜晚時，極光已經有所消退，但是較高緯度的地區依然可以見到。南半球的澳洲北部，也見證到同樣令人印象深刻的南極光。這次的極光現象，不只地理範圍上達到前所未有的廣闊，實質強度也是超乎想像，其明亮的程度遠勝過滿月月光，當時在科羅拉多州洛磯山脈上的工人，甚至將窗外的極光誤認為日出而準備開始上工（見下頁圖表 1-15）。

儘管歐洲人錯過這場極光秀最壯觀的部分，但是也經歷許多同等怪異的事情。1859 年最尖端的科技結晶是電報機，它是一臺笨重的機器，能藉由電話線將訊號傳送到接收者的電報機上，這時人類還未發明電話，因此電報僅能傳送文字訊息而非聲音。

當美洲的夜空正在經歷極光，同時正當 9 月 2 日白天的**歐洲，開始發生各種關於電報機的異常現象**：許多在關機狀態下，甚至已經拔除電源的電報機，依然持續發送或是接收電報，在這種沒有供電的情況下依然運作的電報機⋯⋯簡直就是鬧鬼了；而其他原先正在運作的電報機則出現火花，讓電報員遭受一些小規模的電擊。甚至包括維基百科條目在內，更是認為電報機曾爆炸起火，然而這種

圖表 1-15　圖中的極光秀，也許就如同當年卡林頓事件時，科羅拉多州的工人所見到的場景。由文森・萊德維納（Vincent Ledvina）拍攝。

說法因為缺乏可靠的歷史證據，並未獲得證實。

　　我認為人們即使沒有目睹電報機爆炸，也會覺得這是個有趣的故事，畢竟電報機靈異的出現訊號，就已經非常奇特而且引人入勝了（即使少了視覺震撼）。

　　當聽聞發生盛大的極光現象以及機器奇怪的行為後，理查・卡林頓立即認為這兩者有所關聯，即使受限於當時知識，他無法得知任何造成這種現象的物理機制，卻仍然堅信地球上這些異常的現象，與他僅僅一天前觀測到的太陽明亮特徵有關。

　　卡林頓的發現，使人類首次知道太陽表面的活動會影響人類在地球上的生活，也同時發現「太空氣象」（space weather）的存在。

這些由卡林頓觀測到的現象所引起的異常情況，包含極光與儀器故障，最終都以他的名字命名為「卡林頓事件」（The Carrington Event）。

但是這真有可能發生嗎？為何 1 億 5,000 萬公里外的亮光，會引起地球上的極光並造成電報機故障？先透露一下答案，這是日冕巨量噴發與磁暴的結果，在本書後續的章節中將詳盡的介紹，只是當時的卡林頓與其他天文學家並不知道真正原因，而隔年的日食觀測，實際上就給出了隱藏答案。

日全食才看得到的皇冠

當我們看向天空的太陽（當然不能直接觀看），所見到的陽光來自太陽表面的「光球層」（photosphere），也是本書在這之前的所有敘述中，天文學家觀測到太陽黑子出現一層明亮的表面。

雖然光球層是太陽的表面，卻不是太陽的最外層，如同地球一樣，太陽也有一層稀薄的大氣層，這個低密度的區域稱為日冕（corona，在光球層與日冕之間還有一個稱為「色球層」〔chromosphere〕的區域）。

日冕一詞來自拉丁文的「皇冠」（crown），由於近年來爆發疫情的 COVID-19 冠狀病毒（coronavirus）而廣為人知，它在顯微鏡下有類似皇冠的外觀，因此也以拉丁文的「皇冠」來命名。在地球上的我們，通常無法見到太陽這頂光華的日冕。（譯註：清代以

前的中國以及相關的古代東亞文化圈中，帝王或貴族、官員最高等級的服飾為「冕服」，頭上所戴的物件稱為「冕」，以此翻譯對應到歐洲君主的 crown 為較古雅，至於通用而等級略低的則多稱為「冠」，在翻譯上則較容易理解。）

晴朗的白天天空，會因為太陽光的散射而呈現明亮的藍色，這樣明亮的藍天以及太陽表面的高亮度，使得我們在普通狀態下無法看到太陽的日冕，相同的原因也使得我們無法在白天看到星辰——它們的亮度不及天空。然而有一種自然發生的現象，使我們能夠安全的以肉眼直接看到太陽的日冕，那就是在發生日全食的期間。

當月球經過太陽與地球之間的時候，如果從地球表面上的某個小區域望向太陽，會發現太陽剛好完全被月球遮擋住，這裡就是發生日全食的位置（詳見第 182 頁）。

在太陽短暫被月球完全遮擋的期間（totality，稱為「全食階段」），我們可以安全的直接觀察太陽（這是唯一安全的時間）。在全食階段，太陽光亮的表面會消失而提供難得觀看日冕的機會，日冕的樣貌如同羽絨般，從太陽的周圍向太空延伸出去。

右頁圖表 1-16 是 1872 年日全食的期間，太陽日冕的速寫紀錄。日冕變化的時間尺度在數小時到數日之間，因此每次的日全食都會呈現不同的樣貌。只有在全食的階段，我們才能看到太陽的大氣層，因為即使太陽的表面已經被月球遮蔽到僅剩 1%，太陽光仍然足夠耀眼，以蓋過日冕的微光。（譯註：全食階段是從「食既」〔second contact〕開始，到達日、月中心重合度最近的「食甚」〔maximum eclipse〕位置，之後於「生光」〔third contact〕處結束。）

　　1860 年 7 月 18 日，可觀測的日全食出現在一條狹長的路徑上，自加拿大開始，接著跨過大西洋、經過西班牙，直到在北非結束。

　　如同其他當時的日食記錄方式，天文學家也在短短的數分鐘內，快速描繪他們所觀察到的日冕，就如同圖表 1-17，由在西班牙托雷夫蘭卡（Torreblanca）的 G・坦普爾（G. Tempel）所速寫的圖像。

　　大多數日食速寫中的日冕，其特徵都呈現出自太陽向外輻射的絲狀流光，例如 1872 年的日食圖像。但是 1860 年的 G・坦普爾卻看到不一樣的特徵，他在那幅速寫畫面的右下角，描繪了一個尺寸與太陽相近的漩渦結構。儘管要到 1971 年，科學家才知道這是一場日冕巨量噴發（簡稱 CME），而 G・坦普爾確實在不知情的情況下目擊了這次事件。

　　CME 是太陽電漿的爆發現象，會將大量電漿拋射到太陽系的其他地方，也能抵達地球——這是太陽活動及太空氣象與地球的隱性

圖表 1-16　1872 年日全食期間的速寫紀錄。

圖表 1-17　1860 年日食的速寫，這可能是人類史上第一次見到日冕巨量噴發。

關聯（例如極光）。

本書將在下一個章節中，討論更多太陽爆發的科學細節。

每隻蝴蝶就代表一次太陽週期

儘管來到二十世紀初，科學界還要很久之後才會發現 CME，但已迎來對太陽黑子科學的新見解。

這時期的兩位重要人物分別是愛德華・沃爾特・蒙德（Edward Walter Maunder）與安妮・羅素・蒙德（Annie Russell Maunder）。在這對夫婦結婚之前，他們都在英格蘭的格林威治皇家天文臺工作（本書封面上有一個該天文臺的標誌）。

安妮・蒙德自 1891 年開始在格林威治皇家天文臺工作，她是當時少數的女性「計算員」，主要負責為更資深的研究人員提供手工計算，而沃爾特（他偏好的稱呼）・蒙德也是天文臺的職員，他們在 1895 年結婚。

可惜的是，礙於當時公務人員的任用規定，夫妻無法同時任職於公務體系中，因此其中一位就必須辭職，於是資歷較淺且薪水較低的安妮選擇離職。幸運的是她的工作並未中斷，她以志工的方式繼續與沃爾特共事，持續進行數項研究計畫，包含日食的遠征考察、天文攝影以及太陽黑子的科學研究。

安妮與沃爾特決定要來調查太陽 11 年的活動週期，特別是針對太陽黑子在這段時間中的位置變化。

　　他們仔細整理 1877 年～ 1902 年的黑子觀測紀錄，將這段期間太陽黑子出現的時間與緯度（南北位置）繪製成一張關係圖，並於 1904 年發表出版（見圖表 1-18）。這張關係圖中每一條線都代表一個太陽黑子，將這些線條整體加上一點想像力來看，是不是很像兩隻蝴蝶呢？於是這種型態的關係圖（至今依然持續繪製），也稱為蝴蝶圖。

　　每一隻「蝴蝶」就代表一次為期 11 年的太陽週期，當新的週期開始時，太陽黑子主要出現在南北兩半球的緯度 30° 附近，隨著週期中時間的演進，新的太陽黑子逐漸出現在更低的緯度，出現的頻率也逐漸增加，直到平均所在的緯度在 15° 時，就是太陽極大期的階段。當太陽週期進入尾聲時，太陽黑子的數量會下降到最低點，

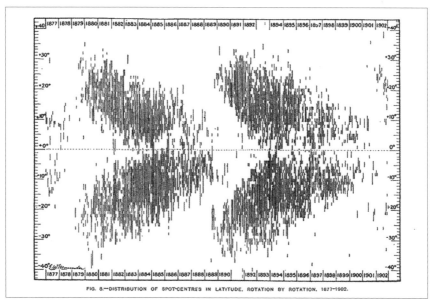

圖表 1-18　蒙德夫婦所繪製的太陽蝴蝶圖，發表於 1904 年。

並且大多生成在太陽赤道附近的 7° 以內。

當下一個週期開始後，新的太陽黑子又從高緯度開始生成，接著生成的數量也會緩慢增加。然而，我們還可以從這張圖中得知，太陽的週期與週期之間並非完全獨立，當前一個週期仍然在低緯度產生太陽黑子，下一個週期已經開始出現高緯度的太陽黑子。

其實在這之前，就已經有天文學家發現太陽黑子所在的緯度，與太陽週期之間的關聯，例如德國天文學家古斯塔夫・史波勒（Gustav Spörer）。但是，直到蒙德夫婦繪製出他們的蝴蝶圖後，這一項理論才廣為人知，並獲得更深入的研究。

蒙德夫婦的另一項重大發現，是 1645 年～ 1715 年之間，太陽經歷一段長期的低活躍時期。這對夫婦在史波勒的研究基礎上，於 1890 年及 1894 年發表他們的發現。

蒙德夫婦證實過去有一段缺乏太陽黑子紀錄的時期，確實是因為太陽黑子的沉寂，而不是當時觀測儀器的不足，在發現的數十年

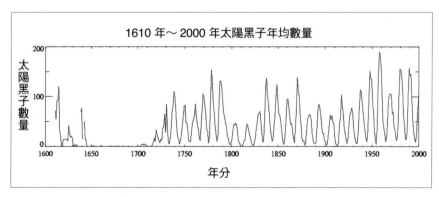

圖表 1-19　太陽黑子數量在 1610 年～ 2000 年之間的變化，明顯可看出 1645 年～ 1715 年之間的蒙德極小期。

之後，這段太陽活躍度較低的時期，於 1976 年命名為「蒙德極小期」（見左頁圖表 1-19），而這段期間恰逢歐洲所經歷的一段低溫時期，因此有一種常見的誤解認為是由於太陽活躍度的降低，導致地球上出現「小冰（河）期」。

圖表 1-20　沃爾特‧蒙德與安妮‧蒙德在倫敦路易斯罕的故居，有英格蘭文化資產組織的標誌，以紀念這對夫婦的貢獻。

儘管只有少數科學家曾經支持這樣的理論，但是仍要記得，有些看似相關的事件，並不等同具有因果關係。有些理論則認為，這段長期的極寒氣候僅限於歐洲（無法代表全球氣候），也或許是肇因於當時的火山活動。總之，由於缺乏當時的資料佐證，因此難以給出明確的答案。

由於**安妮‧蒙德的女性身分，一開始她在這些科學項目中的重要性遭受不公平的低估**，直到 1916 年她的貢獻才受到全面的認同，並終於當選成為皇家天文學會的會員，這時離該學會解除女性被選舉權的限制不到一年。在此之後她終身都是太陽物理學領域的棟梁，直到她在丈夫身後 20 年的 1947 年去世，享壽 79 歲。

如今，安妮‧蒙德的名字因成為皇家天文學會每年頒發的「安妮‧蒙德推廣獎章」（Annie Maunder Outreach Medal）而為世人所

知，這個獎項是為了表彰天文物理學或是地球科學領域，在推廣和鼓勵大眾參與等方面有卓越貢獻的人士。在安妮進行研究工作的格林威治皇家天文臺，為了紀念她的生平與成就，建造一架新的天文望遠鏡，並命名為「安妮・蒙德天文攝影望遠鏡」（Annie Maunder Astrographic Telescope）。

太陽黑子是一顆大磁鐵，強度是地球的數千倍

　　儘管人們對太陽黑子的研究在 1610 年～ 1904 年之間取得了重大進展，但是它的本質仍舊是一團謎。在這段期間，天文學家對於太陽黑子的成因，究竟是太陽大氣的氣體效應（雲）、液體效應（隕石撞擊形成的坑洞）還是表面的活動（火山活動形成的島嶼）而爭論不休。

　　這場爭論一直持續到 1908 年，終於由美國天文學家喬治・埃勒里・海耳（George Ellery Hale）解開了這個謎團。海耳利用在加州威爾遜山上的天文臺，觀測到來自太

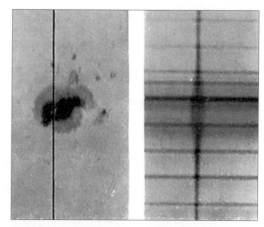

圖表 1-21　早期的觀測中，發現太陽黑子出現季曼分裂的現象。

陽黑子的光線中，出現了季曼分裂（Zeeman splitting）（見左頁圖表 1-21），你暫時先無須理解何謂季曼分裂（其中蘊含相當複雜的物理學，發生的過程也相對艱澀難懂），重點在於：當強大的磁場存在時，才會引發季曼分裂。

是的，太陽黑子本質上是巨大的磁鐵，磁場強度為地球磁場的數千倍。喬治・海耳證實在地球以外也存在磁性作用，磁力不僅是影響太陽表面變化的基本作用力，也會發生在其他所有恆星上。

這是科學上一項重要、也是海耳研究生涯最重大的發現，他與一小部分包括季曼（Pieter Zeeman）在內的科學家，曾經懷疑太陽上可能有作用中的磁場，而最終由海耳證實。由於太陽黑子具有強烈磁場，因此能排斥太陽表面周圍的電漿流入其中，導致太陽黑子的中心與周圍產生熱隔離（thermally isolated），形成一個冷卻到 3,700℃ 的區域（明顯低於太陽表面的 5,500℃）。

太陽黑子因為具有較低的溫度而有較低的亮度，因此相較於太陽其他表面，就顯得暗淡了。

除了太陽黑子，海耳還發現太陽有一個全星球性的磁場，並且會隨著 11 年的太陽週期而改變。

為了研究太陽磁場，科學家們建造了更大型的天文望遠鏡，使海耳得以持續新的探索：他發現單一的太陽黑子區域，可以看成具有南、北兩極的一對磁極（就像你以前上課時看到的普通棒狀磁鐵）。在同一個太陽半球上，大多數的太陽黑子具有相同的磁極方向，例如北極朝向右側、南極朝向左側；在另一個半球上，太陽黑子的磁極方向就剛好相反，北極朝向左側、南極朝向右側，這就是

「海耳定律」，圖表 1-22 的簡易圖示即是這個現象的概念。

　　每一個新的太陽週期，都會伴隨一項奇特的扭轉，使得南北半球上的太陽黑子，發生磁場翻轉的現象。這代表在同一個週期中，北半球的前導太陽黑子具有磁性北極，但是到了下一個週期的北半球，前導太陽黑子就會切換成磁性南極。

　　考量到這個現象，這說明了太陽的 11 年活動週期實際上並非 11 年，而是由太陽黑子數量的變化與磁場方向轉變，構成一個為期 22 年的週期。（譯註：原文未提及「前導太陽黑子」的觀念，為避免讀者困惑於為何與前段敘述衝突，而只有單一磁極，因此借用更深入的詞彙使文章脈絡更清晰，事實上太陽黑子的磁性相當複雜，詳情請參閱關於「威爾遜山磁性分類」〔Mount Wilson magnetic classification〕相關資料。）

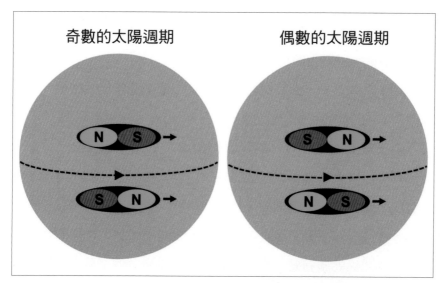

圖表 1-22　海耳定律：不同半球上的太陽黑子，具有不同的磁極極性。

第 2 章

太陽底下可還有新鮮事？

太陽將在 **50** 億年後膨脹成現在的 **200** 倍大，屆時即使地球逃開被吞噬的命運，生命也必定無法存活。

讓我們暫且回到 50 億年前，遠在人類開始觀察太陽之前。此時我們看不到尚未形成的太陽，在恆星與恆星間的虛空當中，有時會有包含氣體與塵埃的巨大雲氣，這些微弱而模糊的雲氣直到望遠鏡問世之後，才得以被天文學家觀測到，並被人稱為「星雲」（nebulae）。

起初天文學家無法確切了解他們所見到的現象，只要是望遠鏡中看起來模糊的天體都稱為星雲，因此「星雲」在天文學中並不用以指涉某類特定物體。

太陽如同其他恆星一樣，起初也是巨大星雲的一小部分，一旦其中的塵埃、氣體逐漸因為重力作用而開始聚集，太陽就開始了它的生命旅程。

星雲中有多處發生這種現象，進展的過程十分緩慢，需要歷經數萬年的時間。

將時間拉回到今天，這類星雲中最有名的當屬「獵戶座星雲」（Orion nebula）（見右頁圖表 2-1），它位於獵戶座腰帶下方的匕首上，這個匕首看似由三顆恆星組成，但是中間的那一顆其實並非恆星，而是星雲。如果透過一副較好的雙筒望遠鏡，或是一架小型的天文望遠鏡，你很容易就能發現這個天體不像其他恆星那般清晰──因為它確實不是恆星。

有機會成為黑洞嗎？取決於質量

　　星雲是恆星形成的搖籃，這裡具備當年形成太陽的條件，而將來會有數以千計的恆星在此誕生。雲氣在重力作用下將持續收縮，並且逐漸升溫，最終在足夠緻密且高溫的情況下進行核融合反應。

　　以最簡單的方式來說，核融合可以想像成一個能將兩個原子融合為一個更重原子（在極大的壓力下）的過程。最基本的例子，就是將兩個氫原子融合成一個更重的氦原子。

圖表 2-1　獵戶座腰帶下方的獵戶座星雲，是恆星形成的區域。

一旦雲氣在坍縮的過程中，產生足夠高的融合速率，並且釋放相當的能量，此時向外放出的力量就會阻止雲氣進一步的坍縮，因此出現核融合反應時，就是宣告恆星誕生之際。

在恆星的一生中，時時刻刻存在著兩股相互較勁的力量，其一是重力，它試圖讓恆星進一步坍縮得更小；其二是核融合時產生對抗坍縮、相反的力。這兩種力量勢均力敵時稱為恆星的「主序階段」（main sequence period），也是目前我們太陽所在的時期。

這究竟是什麼原理呢？為何兩顆原子融合所提供的能量，足以抗衡恆星坍縮？是的！答案也許就在一條古往今來最著名的公式中：

$$E=mc^2$$

最早提出這項方程式的是美國猶太裔理論物理學家阿爾伯特‧愛因斯坦（Albert Einstein），它可以應用在很多方面，太陽核心發生的事情就是其中之一。這項方程式描述能量（E）等於質量（m）乘以光速（c）的平方，並且意味著能量與質量在本質上可以互換，而兩種狀態下的「質－能」總和必需保持不變。這樣的公式是怎樣與太陽核心的核融合產生關聯呢？

原子是由質子、中子與電子所組成，其中形成原子核的是質子與中子，這兩者的質量大致相同。圍繞原子核的是電子雲，電子的質量大約只有質子或是中子的兩千分之一，因此在討論原子質量的時候，往往可以忽略電子的影響。

其中質子帶有正電荷，電子帶有負電荷，而中子則不帶電荷。

所謂相同的元素，是指原子中具有相同數量的質子，但中子的數量不同。在太陽的核心當中，既有氫也有重氫（或稱為氘），由於它們的原子核都只有一個質子，所以他們都是氫，只是氘的原子核多了一顆中子，而普通的氫沒有中子（**譯註：具有相同質子數卻有不同中子數的元素，稱為「同位素」**）。

核融合所釋放的能量大部分來自於重氫，它的質量是 3.344×10^{-24}（小數點後有 23 個 0）克；另一方面，氦則有兩個質子與兩個中子，其質量為 6.645×10^{-24} 克（見圖表 2-2）。

在主要的核融合過程中，兩顆重氫原子會融合生成一個氦原子（這是過度簡化的敘述，整體過程中還有其他的融合步驟，包括將氫融合成重氫的過程），如果我們將重氫的質量直接乘以 2，那麼總質量是 6.688×10^{-24} 克，這時敏銳的你應該已經注意到，這個質量雖然接近氦的質量，卻又稍微大了一點，那麼當我們的重氫融合成氦之後，缺少的 4.2×10^{-26} 克跑去哪裡了呢？答案就在愛因斯坦那項著

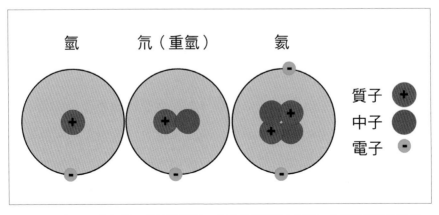

圖表 2-2　氫原子與氦原子的簡單模型，可以看到原子中質子、中子與電子的數量。

名的公式中：質量並沒有憑空消失，它被轉化成了能量，以此驅動恆星。

　　這個由氫融合成氦的過程稱為「P-P 鏈」（proton-proton chain，意思為質子－質子鏈反應），P-P 鏈在太陽中每秒發生的次數高達10,000,000,000,000,000,000,000,000,000,000,000,000（1 後面有 37 個0，即 10^{37}）次，因此能釋放出足以對抗恆星重力坍縮的能量。如果任何一方的力量減弱（無論是重力或是核融合輸出的能量），恆星將開始膨脹或是內縮，直到兩股力量重新獲得平衡為止，這也會改變恆星的實際尺寸。

　　恆星的顏色取決於它的溫度，質量越大的恆星會有更強的坍縮重力，恆星的核心中需要有更快的核融合速率，才得以抵抗向內的力量，於是恆星就需要釋放出更多的能量，因此也顯得更為熾熱。

　　儘管更大的恆星，意味著一開始會有更多可供燃燒的氫（恆星的質量更大），但是燃料較多的優勢，不足以應付更快的核融合速率，於是越大的恆星，就越快耗盡可用的氫。

　　整體來說，恆星越大，就越明亮、越熱以及越快速的燃燒；反之，較小的恆星即使燃料較少，但是核融合的速率明顯較低，因此會有較低的溫度與更長的壽命。

　　與我們對色彩的認知習慣不同，**熾熱燃燒的恆星呈現藍色，相對較冷的恆星則呈現紅色，兩者之間為黃色**。以藍色表示高溫而紅色為低溫似乎有點奇怪，但是你可以透過一些生活中的經驗來說服自己，例如瓦斯爐所燃燒出來的藍色火焰，其溫度明顯高於蠟燭的黃色火焰。

最大與最小恆星的壽命有著極端的差異。巨大的藍色恆星在主序階段（恆星在此期間會將氫融合成氦）燃燒的時間，為數千萬到數億年；較小的紅色恆星，燃燒時間卻可達數百億年，注意喔，是百億不是百萬！

有些小型恆星已經存在非常久，甚至接近宇宙大約 140 億年的年紀。我們的太陽則是一顆正值中年、體型中等的恆星，作為一顆主序星（main-sequence star）時的壽命大約是 100 億年，而目前約莫過了 45 億年。

依各類恆星的亮度、溫度與顏色，可以繪製在一張赫羅圖（Hertzsprung–Russell diagram），以解釋不同類別的恆星。下頁圖表 2-3 是簡化版本的赫羅圖，你可以看到主序星分布在主要的對角線上，從右下角（黯淡、低溫、偏紅）到左上角（明亮、高溫、偏藍）的特徵。這張赫羅圖也顯示恆星在生命後期的階段。

當星星在夜空當中有足夠的亮度，我們就可以看出它們之間的顏色差異。例如我們直接以肉眼望向夜空，就可以看清楚獵戶座左上角有顆紅色的恆星（參宿四，Betelgeuse），而右下角有顆藍色的恆星（參宿七，Rigel）。

若是藉由相機長時間曝光攝影，你可以看出夜空當中，更多恆星之間的顏色差異（介於紅、黃、藍色之間）（見第 57 頁圖表 2-4）。

不幸的是對於恆星而言，將氫融合成氦的主序星時期並非永無止境，恆星核心的氫終將消耗殆盡，屆時核心內釋放的能量也會趨緩。當失去核融合的能量時，就沒有什麼可以阻止重力造成恆星坍縮。恆星開始發生坍縮後，內部壓力與溫度也會上升，接著當核心

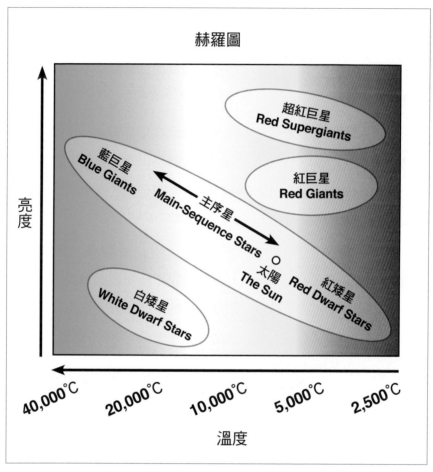

圖表 2-3　簡化的赫羅圖，可以看到不同類別的恆星在亮度與溫度上的差異。

的溫度與密度足夠時，又會發生小規模的核融合。

　　這個過程稱為環狀融合（ring fusion），是因為只有新形成的核心邊緣，才有未耗盡的氫可供融合成氦。核心區域的核融合會持續進行，當過程重複多次後，核心會稍微增大，然而環狀融合無法永遠持續下去，即使恆星的外層仍有氫，但是融合只會發生在核心的

圖表 2-4　相機長時間曝光所拍攝的獵戶座，可明顯見到恆星之間顏色的差異。

區域，因此當能夠產生反應的核心區域，連最遠邊緣的氫也耗盡時，核融合就會停止，接下來恆星會因為自身重力而繼續坍縮，但這並不是命運的終點。

當不再有氫融合而放出能量來對抗坍縮，重力將進一步壓縮恆星。這種坍縮會使恆星繼續升溫，並達到遠超過點燃氫融合所需的溫度與壓力，如果恆星有足夠的質量繼續坍縮，則有可能達到使氦融合成碳的條件。

一旦開始這個作用，將釋放出遠勝於氫融合成氦的能量，恆星釋放能量的功率會明顯升高。這一個新階段的核融合，會提供恆星足夠抗衡重力的力量，而且更勝於從前。由於對抗重力的能量變多，恆星的體積將大量膨脹。

當恆星變得比之前大得多，核心與最外層的距離也會擴展很多，因此由核心散發出來的能量抵達表面時，也比以往更分散而顯得更冷——這個階段的恆星就稱為紅巨星（red giant）。這是太陽有朝一日的樣貌，屆時太陽在膨脹的過程中，將會達到足以吞噬水星和金星軌道的尺寸，直到幾乎與地球的軌道一樣大。

目前地球與太陽的距離，大約是太陽直徑的 100 倍，這代表太陽屆時的寬度將增加到現在的 200 倍，即使地球逃開被吞噬的命運，仍會因為太接近太陽的表面，而使得生命無法存活。不過這是幾十億年後才會發生的事情，所以不會讓我失眠。

相信你也預料到了，由氦融合成碳的過程也有盡頭，恆星在這個階段將會燃燒得更快，因此維持在紅巨星狀態的時間會更為短暫，遠少於主序星時期。

恆星的性質將完全決定接下來的命運。如果質量夠大，那麼當氫融合成碳的過程結束後，就可能會繼續進行碳融合成氧、氧融合為氫等等的過程。但我們的太陽也大約到此為止了，因為太陽不像其他更大的恆星有足夠的質量，因此無法形成更強的重力，融合出更重的元素。

在此之後，太陽將不再進行核融合，也不再有力量抵抗重力，但是這個拉鋸過程將會持續 100 億年。

在坍縮的過程中，恆星內部的原子會被擠壓得非常緊實，直到整個太陽的體積縮小成地球的大小。對於太陽或是更小尺寸的恆星而言，當坍縮到原子之間最緊密的狀態時就會停止，因為一種稱為電子簡併壓力（electron degeneracy force）的支撐力量會阻止進一步的坍縮。

恆星此時剩餘的部分已經沒有能量來源，但依然是一個熾熱而緻密的物體，稱為「白矮星」（white dwarf），它需要經過數十億年才會冷卻。

在恆星坍縮的過程中，較外層的部分可能會與恆星分離，向外漂浮到太空當中，這些殘餘的氣體會被白矮星的餘暉照亮，形成光彩奪目的雲氣，稱為「行星狀星雲」（planetary nebula）。

你可能還記得，我們之前說過星雲之所以稱為星雲，並非依據某種真實性質，而是因為它們在望遠鏡中就是一團模糊的雲氣，這就是為何恆星誕生的地方與最後的殘骸都稱為星雲的原因。

我們的太陽有朝一日也會坍縮成白矮星，屆時的行星狀星雲，將會經過目前行星的位置並且擴散出去。

圖表 2-5 的行星狀星雲是一個著名的例子，稱為「環狀星雲」（Ring Nebula），星雲中間可以看見一顆白矮星，兩張圖均由 NASA 的詹姆斯‧韋伯太空望遠鏡（James Webb Space Telescope，JWST）所拍攝。

質量明顯大於太陽的恆星，最終不會成為白矮星以及類似環狀星雲的樣貌，它們會先成為最大的紅巨星，稱為超紅巨星（red supergiants），並且擁有融合比氮更重的元素所需的重力，能形成從氮之後到鐵的所有元素。換句話說，宇宙中比氦重而比鐵輕的元素，是來自紅巨星或超紅巨星核心的核融合（**譯註：所謂的輕重是指元素週期表上的原子量或原子序，反映原子核的質量，而非指普通溫度與壓力下的物體密度**）。

當超紅巨星在融合比鐵輕的元素階段時，都會釋放能量，然而一旦開始將鐵融合成更重的元素時，過程中消耗的能量就會勝過放出的能量。此時核反應反而需要吸收能量，無法對抗恆星重力。

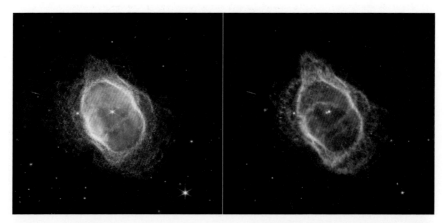

圖表 2-5　兩張圖皆為 NASA 詹姆斯‧韋伯天文望遠鏡所拍攝的環狀星雲，我們的太陽在未來也會有相似的命運。

對於所有鐵燃燒階段（iron-burning stage）的恆星而言，其核心會形成能量空虛，並導致坍縮加速。接著恆星劇烈內縮的力量勝過電子簡併壓力（上述中擁有阻止太陽或是更小質量的恆星坍縮的力），這時的坍縮會釋放出難以置信的能量，使得一個臨終塌縮的恆星，釋放出幾乎是整個銀河系中最強的能量——「II型超新星（爆炸）」（type II supernova）。

在超新星爆炸的過程中，這顆垂死恆星的中心，將會產生比鐵更重的所有元素，例如黃金、銀、白金等等。當這些元素隨著爆炸而散播出來後，又會形成由氣體與塵埃組成的雲氣，接著雲氣會再次因為重力而慢慢聚集收縮，形成新一代的恆星與行星。恆星之間有著周而復始的誕生與死亡，我們的太陽，很有可能是由先前恆星遺留的部分物質，所形成的第三代恆星。

超新星爆炸之後遺留的物體，取決於恆星的質量。當原子所受到的壓力超過電子簡併壓力的時候，原子將繼續遭受擠壓，直到出現奇特的量子物理學現象，這時帶負電的電子與帶正電的質子，會被強制合併成一顆帶中性電荷的中子。

這些緊密聚集的中子，將得以在一定程度上抵抗恆星的重力崩塌，形成一顆極為緻密的天體，稱為「中子星」。

原子的內部其實有相當多空間，因此如果將這些空間擠壓掉，恆星內的原子就會塌縮到只剩中子的尺寸（neutron degeneracy，稱為「中子簡併態」）。相較由原子支撐坍縮力量的白矮星，由中子支撐重力的中子星會有更高的密度。一顆直徑為 10 公里的中子星，就具有整個太陽的質量。

　　然而即使是中子的簡併壓力也有對抗的極限，當殘存的恆星核心質量（在歷經超新星爆炸，許多恆星的外層被拋入太空中之後）依舊大於太陽質量的 1.44 倍時，就會超過這個極限，而這個質量的極限稱為「錢德拉塞卡極限」（Chandrasekhar limit），得名於一位研究出這項理論的印度裔天文學家。

　　當中子簡併壓力也無法承受重力之後，就再也無法抵抗坍縮，這樣的天體會無限制的崩塌下去，直到所有的質量集中成為一個無限小、只有一個維度的點，稱為「奇異點」（singularity）。

　　人類已知的物理在此幾乎失效，只知道它具有有限的質量（取決於形成恆星時的質量，以及之後落入其中的物質質量）、在一個無限小的區域之中擁有無限高的密度。

　　奇異點會產生巨大的引力，使得在一定距離內，即使光都沒有足夠快的速度可以逃離，這個區域就稱為「黑洞」（見右頁圖表2-6）。黑洞的大小取決於奇異點的質量，而黑洞的邊際（光可以逃脫的極限）則稱為「事件視界」（event horizon，或譯為：事件穹界）。

　　我們的太陽在它目前的生命軌道上，不會變成黑洞或是中子星——單純由於質量不夠大。雖然今天距離太陽演化成紅巨星以及矮星，還有數十億年的時間，但是太陽仍會在較短的時間尺度上發生變化（雖然相對上較不劇烈）。

　　儘管太陽的能量源自內部的核融合，但是在表面上幾乎看不到它的影響，而太陽表面以及太陽大氣中的現象，例如太陽黑子、太陽週期與太陽閃焰，其實正受到另一種完全不同力量的支配——磁力（magnetism）。

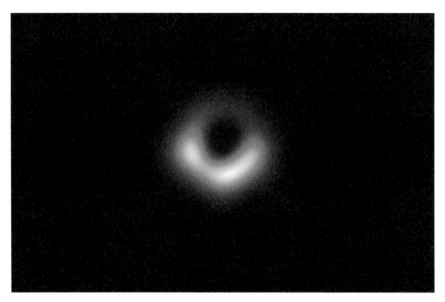

圖表 2-6　世界上第一張黑洞的影像，由事件視界望遠鏡拍攝於 2019 年。

太陽系的質心，不在太陽中心

在自然界，只有四種主要的作用力決定宇宙的樣貌，這些力彼此之間完全獨立，稱之為「基本力」，它們分別是：重力（gravity）、弱交互作用（weak nuclear force）、強交互作用（strong nuclear force）與電磁力（electromagnetism）。除此之外，你聽到的任何其他作用力都不是獨立的，而是可以歸類在基本力中的一種。

重力是任何具有質量的物體，彼此之間都會存在的作用力，而它的強度取決於每樣物體的兩項因素：質量與距離（見下頁圖表 2-7）。重力能在巨大的空間尺度中作用，它既是能讓地球牢牢拉住

你的力，也主宰行星繞行太陽軌道和太陽繞行銀河系中心的力。

　　事實上，不是只有地球的引力把你拉向地球，你身上的重力也將地球拉近，然而比起地球，人類的質量十分渺小，因此地球朝你移動的距離就顯得微不足道。如果是更大的物體，情況就可能會改觀，當兩個質量相當的物體因為重力作用而繞行時，實際上並不是一方繞著另一方旋轉，而是圍繞彼此之間的「重力中心」，稱為「質心」（barycentre）來旋轉。

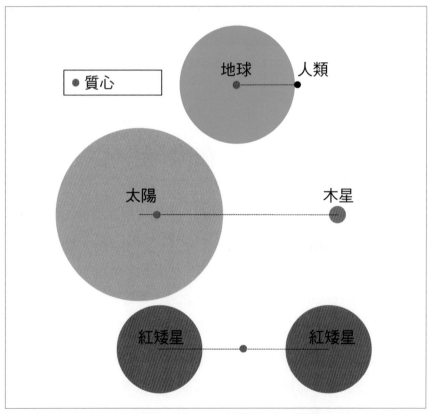

圖表 2-7　兩個物體之間的質心，取決於兩個物體的質量與距離。

若是如太陽系這樣複雜的系統，包含眾多會產生引力的物體，那麼所有物體的運行都是圍繞著共同的質心，而質心所在的位置，取決於太陽系所有物體的距離以及質量。

你可能會認為太陽系的質心就在太陽中心，但這只是偶爾正確的答案，因為木星的質量大約為太陽的千分之一，且距離太陽相當遙遠，因此會造成共同質心朝著木星的方向，稍微離開太陽的中心。

其他的每一顆行星、矮行星、彗星及小行星也會影響共同質心的位置，但是都不像木星那樣明顯。

下頁圖表 2-8 為不斷改變的太陽系質心，甚至在某些時候會來到太陽本體之外。由於太陽也是繞著這個質心在運行，所以太陽看起來就像在搖擺，這樣的現象也成為科學家偵測其他恆星周圍，是否有系外行星（exoplanet）的另一種方法。

當一顆恆星出現擺動的現象時，就意味著該行星系有一顆巨大的行星，它們的共同質心與母恆星質心有相當的距離。

第二種基本力稱為「弱交互作用」（又稱「弱力」），其實我們已經討論過這種力，因為它就是驅使核融合的力量，也能造成核分裂──一種與融合相反的過程。

當非常重而且不穩定的元素，發生核分裂時就會形成較輕的元素，並在這個過程中釋放能量。比鐵輕的元素能透過核融合釋放能量，而比鐵重的元素則需要吸收能量才能進行融合（因此只能發生在超新星爆炸當中）。

從相反的方向，也就是核分裂的情況來說，比鐵重的元素分裂成較輕的元素時會釋放出能量，而比鐵輕的元素則需要吸收能量才

能發生核分裂。在自然界中，多數的元素都相當穩定，不會產生自發性分裂形成更輕的元素。但是依然有例外，在週期表尾端有著許多重而不穩定的元素，例如鈾。

　　目前核電廠產生能源的方式，就是來自這些元素的核分裂。核分裂能以非常高的效率產生能源，每一公噸鈾所釋放的能量，遠遠高於相同重量的碳基燃料（例如煤或石油），然而它的代價就是遺

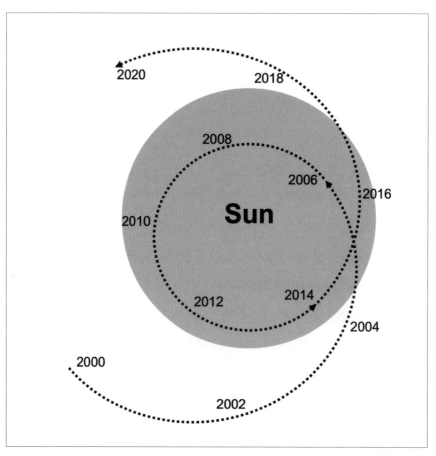

圖表 2-8　太陽系的質心會隨著時間而改變位置。

留放射性的核廢料，需要花費許多的費用，才能將它們妥善、安全的處置。

與核分裂不同，目前我們還不具備利用核融合產生能源的技術，然而若一旦達成，我們將能夠利用與太陽相同的機制，製造出無放射性副產品的乾淨能源。即使目前還尚未達成，但是這種新型的乾淨能源，有望在未來 10 年左右問世。

另一種基本力稱為「強交互作用」（又稱「強力」），是四種基本力中最難以理解的力，雖然它與上述的「弱交互作用」只有一字之差，卻是截然不同的作用力（所有基本力都是如此）。

弱交互作用會使中子變成質子與電子，也可以反向使質子變成中子（藉由吸收或放出能量使原子核產生變化）；而強交互作用則是將單一中子或質子聚集起來，以及將中子與質子聚集成原子核的作用力。因為次原子粒子（sub-particle，**譯註：全稱為 subatomic particle**）的物理學，與太陽影響我們日常生活中的物理學沒有直接的關係，因此本書中將不會深入探討這個力。

在此我們先做個快速的總結：質子與中子是由一種更基本、稱為「夸克」（quark）的粒子所組成，夸克除了組成中子與質子，也會形成其他特別的粒子，而強交互作用就是聚集夸克的作用力。

在巨星臨終的過程中，強交互作用與弱交互作用都占有一席之地，其中阻止白矮星進一步坍縮的電子簡併壓力，即是來自弱交互作用（原子之間相互抵抗的力量），而阻止中子星崩毀的中子簡併壓力，則是來自於強交互作用（形成中子之間的對抗力）。

最後要介紹的基本力是「電磁力」，它是由電場與磁場共同組

成的。在我們日常生活的經驗當中，電場與磁場似乎是兩件不同的事情，電場使得電力能通過電纜、導線與電器用品；磁場則……存在於磁鐵？

事實上，電與磁是一體兩面的事情，稱為電磁力。

當有電場產生變化時，就會出現對應的磁場；同理，磁場的變化也會形成電場。當電力或磁力隨著時間變化，在空間中行進的時候，就會產生垂直且相對應的磁力或電力，這就是電磁效應的原理。

行星或是恆星的磁場都來自電磁效應，在地球的內部有一層帶有電場的液態鐵正繞著內核旋轉，而旋轉的電場便會產生一個巨大的磁場，大到足以延伸到地面之上非常高的距離。

木星的磁場也來自於相同的機制，只是電場來自金屬氫而非鐵的行星內層。

至於太陽與其他恆星，則是由旋轉的氫電漿來生成磁場。

氣態、液態、固態，還有電漿態

在學生時代（例如在英國「國民教育課程」中），相信你一定學過物質的三種狀態：固態、液態與氣態，然而可觀測的宇宙中卻有 99.9% 的物質，並非處於這三種狀態下的任何一種。

太陽或是其他恆星，以及幾乎空無一物的星際空間當中，所存在的物質都處於第四態──電漿態。在物質的三態中。由固體變成液體，以及從液體變成氣體，主要是由於能量進入這些物體，簡單

來說，在物體當中加入更多的能量，將會加速其中的原子振動（就如同你快速移動時有較高的能量），當加入的能量達到一定程度後，這些物體最終將無法維持原有的狀態。

於是在這個階段中，原先是固體的物質，其原子之間的固體結構將逐漸變成液體結構（也就是融化）；或者原先是液體的物質，內部原子之間會逐漸變成更自由的氣體結構（蒸發）。

有些物體在特定條件下，也會直接從固態轉變為氣態，跳過成為液體的階段，這種現象稱為昇華（sublimation）。若去除物體中的能量，則會出現相反的過程，從而導致凝結或是凝固。

如要將能量添加到物體當中，可以藉由提高原子所在環境的溫度或壓力這兩種主要方式。例如多數人都知道將水加熱到 $100°C$，液態水就會逐漸沸騰成為氣體，然而，若是在海拔 4,270 公尺的地方，水的沸點將會降低到 $85.5°C$。如果海平面上有一杯 $86°C$ 的水，你只需要做以下兩件事的其中一項，就可以使它沸騰：繼續加熱，或是降低壓力。

當更多的能量持續進入原子之間，物質就會進入電漿的狀態。如同能量會逐步讓固體變成液體，然後再成為氣體，而接下來就會進入電漿的狀態。

需要高能量才會產生的電漿，在地球上也會自然發生，例如火焰與閃電（見下頁圖表 2-9）。儘管血漿（blood plasma）與電漿（plasma）在字面上有相同之處，但是兩者是截然不同的狀態。

在地球之外的宇宙中，大多數的物質都處於電漿態，太陽主要的成分為氫（80%）與氦（20%），以及少量較重的元素，例如碳、

鈣、矽、氧、鐵等等，
它們都處於電漿態。其
他恆星的物質狀態也是
如此，甚至恆星之間的
宇宙空間，物質也大多
是電漿態。行星的大氣
層也可能有電漿，例如
地球大氣層的最外層成
分就是電漿（見右頁圖
表 2-10）。

　　我們生活周遭的大
部分物質，既不帶正電
荷也不帶負電荷，處於
電中性的狀態。無論是
在固體、液體或是氣體
中，電中性的物質都有
相同數量的質子與電子。

　　在原子中，原子核
包含質子與電荷中性的
中子，周圍則圍繞著電
子雲。當氣體的中性原
子獲得足夠的能量之後，
外圍的電子就可能會逃

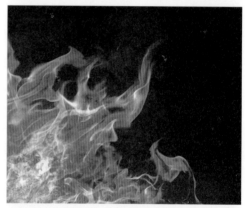

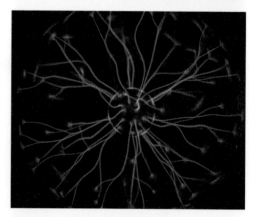

圖表 2-9　地球上的電漿態物質，由上至下分
別為閃電、火焰和電漿態的原子。

脫，而這時的原子就會帶正電（質子數量多於電子），離開的電子就成為自由電子（帶負電）。

　　缺少一個或數個電子的原子稱為「離子」（ion），而與自由電子形成的流體就稱為電漿（**譯註：也稱為離子體、電離漿、等離體**），即使它的成分具有帶電的性質，在巨觀中卻會呈現電中性，這是因為即使離子與電子都帶有電荷，但是在整體電漿中，正、負電荷的數量依舊相等。

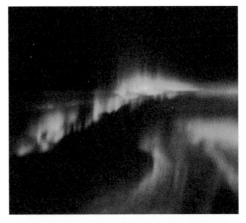

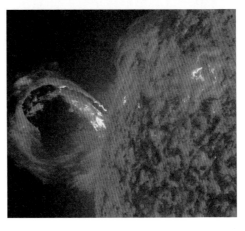

圖表 2-10　地表之外的電漿態物質，由上至下分別為星雲、極光和太陽閃焰。

此外，由於電漿的成分帶有電荷，因此會與磁場產生密切的關係，而研究磁場中電漿的行為，則有一個很響亮的名稱「磁流體力學」（magnetohydrodynamics），也就是它決定了太陽大氣層的各種現象。

離子電荷態（帶電狀態）的高低，取決於失去電子的數量。氫是最輕的元素，由一個質子與一個電子組成，因此只要失去一個電子，就是最高的游離狀態。

而更重的元素則會擁有更多的電子，例如鐵（在週期表中的符號為 Fe）在中性的原子態時有 26 個電子，由於電中性的鐵是基本狀態，因此稱為鐵 -I（Fe-I），而當原子獲得能量並失去第一顆電子，就會成為一價離子（失去一顆電子），此時稱為鐵 -II（Fe-II），當再失去一顆電子就會從鐵 -II 變成鐵 -III，並且一直持續到失去所有電子的鐵 -XXVII（譯註：羅馬數字的 27）。

然而，一旦電漿的能量降低，這些離子將逐一捕獲電子，這個過程稱為「復合」（recombination）。要使電子逐顆脫離原子或是離子時，就必須挹注更多的能量，換言之，電漿越熱則離子的電荷態就越高。

在太陽熾熱的大氣中，鐵離子的電荷態直到鐵 -XIV（羅馬數字 14）都相當充沛，而電子完全游離的鐵 -XXVII 只會出現在極端情況下，那就是最巨大的太陽閃焰中。（譯註：此處提及的鐵 -III（Fe-III）等標示方式，屬於「光譜符號」〔Spectroscopic notation〕，與化學中表示價電子的方式不同，例如光譜中 Fe-III 的電荷是二價，而化學中的 Fe(III)、Fe^{3+} 則是三價。）

微波、無線電波都是太陽光

太陽是什麼顏色？這一個問題看似簡單，卻無法輕易獲得簡單的答案。在開始探討這個問題之前，我們來簡單討論一下光與顏色的基礎知識。

光是一種會在真空中傳遞，帶有波動性的光子（就像能量的封包），具有每秒 30 萬公里的固定速度，這個速度稱為光速，當光在一些例如空氣或水的介質中行進時，速度會略低於真空中的光速。

光波就如同海洋的波浪一樣，也會有各種波長，而所謂「波長」指波峰到下一個波峰的距離。**有各種不同波長的光波，而波長的長短範圍很大**，人眼只能看到有限範圍內的波長，僅涵蓋 400nm ～ 700nm 之間，我們稱之為可見光（visible light）或是視覺光（optical light，又稱光學光）。上述提到的 nm 單位，全稱為奈米（nanometre），是一公釐的百萬分之一，而光的顏色由波長決定。

在我們的視覺中，400nm ～ 700nm 就是從短波長的紫光到長波長的紅光。至於所謂的白光，其實是涵蓋整個可見光範圍的混合光，其中各種波長的變化具有連續性，若是將白光依照不同波長（顏色）分散出來，就會形成具有不同顏色系列的「光譜」（spectrum），在自然界中最常見的就是彩虹（見下頁圖表 2-11）。

在人眼的視覺能力之外，還有其他類型的光。對於波長比紫光更短一些的光，就稱為紫外線（ultraviolet）或簡稱 UV，而光波的能量取決於它的波長，波長越短的光具有越高的能量，因此相較於可見光，紫外線就具有更高的能量，這就是紫外線會傷害我們皮膚

（可見光卻不會）的
原因。

　　比紫外線波長
更短（能量更高）的
光，就來到 X 射線的
領域，而波長最短的
則稱為 γ 射線（伽
馬射線）。由於 X 射
線的能量比紫外線更
高，因此對人體的傷
害也更大，在我們的
一生中都應盡可能減
少暴露在 X 射線底
下（即使是協助醫療
檢查使用的 X 光，也
應避免頻繁照射），
至於 γ 射線則應全
力避免。

圖表 2-11　自然產生的光譜──彩虹，為太陽光散
射後的現象。

　　對於波長比可見光更長的光，也有許多分類，首先比紅光波長
稍長的是紅外線，接下來是微波，而波長最長的是無線電波。

　　整體而言，上述這些光就是「電磁波譜」（electromagnetic
spectrum），其中光線的能量由高至低（波長由短到長）的排序是：
γ 射線、X 射線、紫外線、可見光、紅外線、微波和無線電波（見

圖表 2-12）。

　　雖然不同類型的光對人體有不同的影響，但是它們都是同一種物理現象。事實上無線電波與 γ 射線的唯一差別，就只有其光的波長（以及光波所攜帶的能量）。

　　人眼所看到的顏色，取決於物體發光或反射光的波長，例如草吸收了可見光光譜中大部分的波長，只反射了綠色波長的光線，因此在我們視覺中就會看到綠色的草。另一方面，橘色的霓虹燈只會發射橘色波長的光，因此我們就會看到橘色。

　　事實上，大多數發光體發散出來的光線並非只有單一的波長，而是有強有弱的一系列光譜，而光譜峰值的位置則取決於發光體的溫度。如果是一個完美的發光體，例如恆星，它發光的光譜將依循一種稱為「黑體函數」（blackbody function）的曲線，這種曲線會顯示在特定溫度之下，不同波長光線的強度分布狀況。

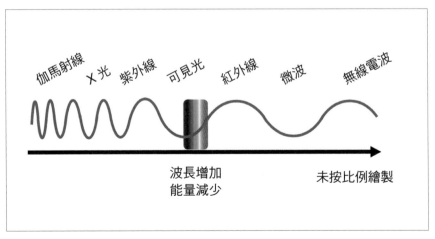

圖表 2-12　在光中，波長由短至長（能量由高至低）的電磁波譜。

這種光譜橫跨很廣的波長範圍，並且具有一個峰值。較熱物體散發出來的光線，峰值的波長會較短，而較冷物體的峰值波長則較長。這與之前討論過的概念相同，較高溫的燃燒呈現藍色，而較低溫時會偏向紅色（例如：藍色恆星的溫度高於紅色恆星，瓦斯爐的藍色火焰也比蠟燭的黃色火焰更熱）。

人體也是熱源，因此釋放出的光線也具有峰值，但是很明顯的，我們不會釋放出任何人類可以看見的光，這是因為我們發光的峰值位於紅外線的波段，這是一種人眼看不見的「顏色」。然而透過能觀察紅外線的「（體溫）熱像儀」（thermal imaging cameras），就能看見人體散發的紅外線像一顆發光的耶誕樹。

紅外線的波長比可見光更長，代表它的能量更低，相反的，較短的波長有較高的能量，這是因為比起紅光，藍光來自更高的能量源。不過這種黑體現象只適用於完美的發光體，也就是光線純粹來自溫度的物體（居家生活中的一些燈光或是有色的指示燈，發光的原理並非來自溫度）。

如同其他恆星一樣，太陽也可以視為近似於黑體的發光體，它的表面溫度為 5,500°C，因此光譜的峰值大約是在 480nm（見右頁圖表 2-13），對應到可見光在人眼視覺中的顏色是藍綠色……啊？藍綠色的太陽？嗯……也不盡然，480nm 是太陽光譜的峰值，但是太陽在所有可見光的範圍都非常明亮，這些光是以混合的狀態進入我們的眼睛，因此我們看到的是白光，這也是太陽的真實顏色（譯註：作者原文的 true colour 也有「真面目」的意思）。

既然太陽發出的是白光，那麼我們常說的黃色陽光又是從何而

來呢？這是由於陽光通過地球大氣層時，越短波長——也就是越偏光譜藍色端——的光，就越容易散射，形成了藍色的天空。

因此，當白光中的一部分藍光散射中時，太陽光抵達地面時就會稍微偏黃。而當太陽在接近地平線的位置，例如在日出或是日落時，陽光在大氣層中經過的距離更長，此時除了藍光，波長稍長的光也會散色，因此天空就會呈現黃色或是橘黃色，而到達我們眼睛的陽光就只剩紅光，這就是我們看到的紅色夕陽或朝陽。

然而在陽光中，不只有我們看見的彩虹顏色光波，還有許多人

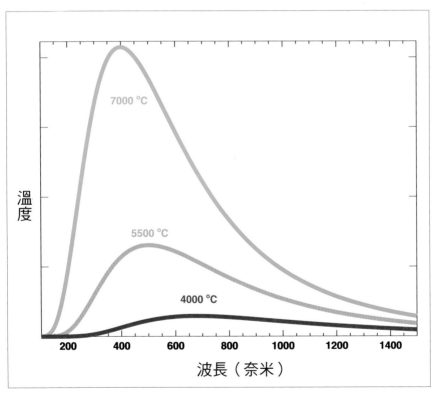

圖表 2-13　不同溫度下黑體輻射的函數，其中太陽的表面溫度為 5,500℃。

眼看不到的種類。值得慶幸的是，地球的大氣層能阻擋陽光中多數
有害的波長，如紫外線。如果高能量的紫外線長驅直入，那麼陽光
對於海洋以外的生命，都會變得極具殺傷力。

在特定溫度下由黑體函數所呈現的陽光光譜，主要的部分稱為
「太陽連續光譜」（sun's continuum）。不過你應該會樂於知道，
太陽光譜不僅僅是一個連續光譜而已，陽光的故事還沒說完呢！

氦是觀測太陽時發現的

研究光譜的領域稱為「光譜學」（spectroscopy），在開始介紹
之前，我們先來回顧兩個觀念：首先，請記得光的能量取決於它的
波長，當波長越短，能量就越高；其次，電漿的成分是離子和自由
電子，離子的能量狀態（失去的電子數量）則取決於電漿的能量。
在原子當中，若是要讓電子逃逸出去，或是改變電子在原子內的能
階，就需要給予特定的能量。

綜合以上的觀念，如果你以白光照射一罐裝有氫電漿的透明容
器，會發現白光（從紅光到紫光的波長）幾乎全部穿透過去，然而
某個特定波長的光卻會明顯減弱，因為氫原子內的電子將它吸收，
並因此造成電子的激發狀態；換言之，電子會吸收特定波長的光，
藉此獲取能量。

如果電漿當中，電子吸收的次數達到一定程度，那麼白光通過
時，就會發現明顯失去一個特定顏色，這個顏色會對應特定波長的

光，而波長會對應到能量，也就是電子吸收的能量。

當一段連續的光譜中有些波長消失，我們稱為「吸收光譜」（absorption spectrum），氫原子吸收光波的主要波長稱為 H-α（hydrogen-alpha），波長為 656.3nm，也是太陽光譜中缺少的一道很窄的紅光（**譯註：因為在光譜上就像一條黑線，因此也稱為「譜線」**）。由於在不同的原子當中，電子具有不同的能階，因此每種原子都有各自的吸收波長。

因為這種特性，吸收光譜成為不同光線來源的專屬印記，而透過研究太陽的光譜中缺少的部分，藉由原子會吸收特定光波波長的原理，就可以得知太陽具有哪些種類的元素。因此，從太陽的許多吸收譜線中，科學家可以得知主要成分為氫與氦，以及微量的其他元素。

事實上，氦就是由此發現的元素，在 1868 年時，天文學家觀測到太陽光譜中，出現無法由當時已知元素來解釋的黑線，於是就認定這是一種新的元素，並以希臘文中的太陽神——海利歐斯（Helios，希臘文：Ἥέλιος）來命名，稱之為「氦」（helium）。

而在地球上，則是直到 1882 年，才於維蘇威火山山頂的噴發氣體中發現氦氣的蹤跡。

下頁圖表 2-14 是完整的太陽可見光光譜，當中的每一條黑線，都代表太陽電漿吸收的光，有些是很強的吸收線（你可以在紅光區域中，找到大量的 H-α 吸收光譜嗎？），有些則較微弱。

光譜的吸收線，也存在於可見光之外的紅外線與紫外線範圍。然而，我們在觀測太陽光譜時必須注意到一點，因為有些吸收線並

非肇因於太陽,而是地球大氣中的氮氣與氧氣。

地球大氣的吸收譜線稱為「(地球)大氣譜線」(telluric lines,從拉丁文「地球的」〔tellūs〕轉變而來)。在太空中的天文觀測,則不必擔心受到大氣譜線的影響。

電漿中的電子不僅會受到入射光線的激發,只要有足夠的密度與溫度,電漿中的原子相互碰撞也會提供足夠的能量,將動能轉化為電子的能量,這種情況下被激發的電子不會吸收任何光,因此也不會在太陽的光譜中產生吸收線。

由於太陽的大氣層(日冕)有遠高於太陽表面的溫度,碰撞激

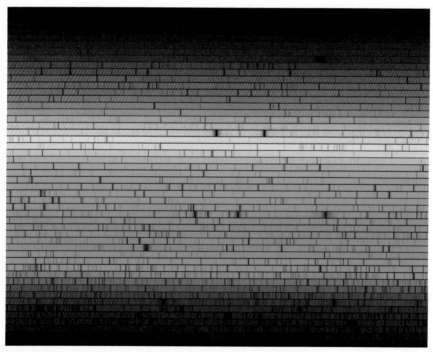

圖表 2-14　太陽的可見光光譜,黑線代表太陽電漿吸收的光。

發（collisional excitation）在這裡就相當常見，然而電子不會一直維持在因為碰撞而獲得能量的狀態，最終電子會放出這些能量，進而回到更為緩和的狀態。因此能量會以光子的型態散發出去，而電子釋放能量的高低，就會決定光的波長。

　　當電漿中頻繁釋放某種特定頻率的光，整體的光譜就會出現與吸收光譜相反的樣貌，稱為「發射光譜」（emission spectrum）。

　　圖表 2-15 為吸收光譜與發射光譜的比較，吸收光譜展現出全部可見光範圍，並標記出黯淡的間隙；發射光譜就只會顯現出有發光的顏色，正如你所見，這兩種光譜具有相同的波長，這是因為來自同一種元素，因此具有相同的獨特能階。

　　吸收光譜大多發生於太陽表面；發射光譜則多在太陽的大氣中。

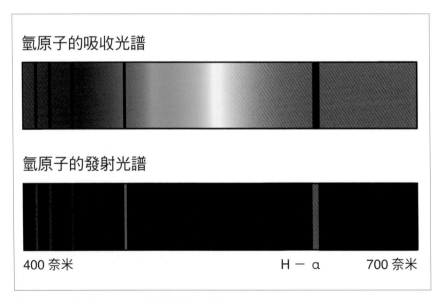

氫原子的吸收光譜

氫原子的發射光譜

400 奈米　　　　　　　　　　　　　　H－α　　　700 奈米

圖表 2-15　氫原子的吸收光譜與發射光譜。

藉由測量光譜中譜線的強度、厚度與位置,我們可以獲得很多關於電漿吸收或放出能量的資訊。

某些特定的離子狀態,只會存在於有限的溫度與密度範圍內,以鐵 -XII 為例,它是失去 11 個電子的鐵離子,如果它所在的狀態溫度稍微降低,鐵離子所擁有的能量就不足以失去 11 個電子;反之,如果溫度持續升高,它就會失去超過 11 個電子,在這兩種情況下鐵 -XII 都會消失。

當掌握關於各種離子存在的條件,配合研究特定離子與其他離子在譜線上的相對強度,我們就可以計算出光源所在位置中,電漿的溫度與密度。

譜線的位置還能反映電漿的速度。

如果你在高中時有上過物理相關課程,可能會記得都卜勒位移(Doppler shift),它是靜止觀察者所接收的波長與移動波源放出的波長,兩者不相等的現象。

如果我們以聲波為例,靜止汽車的喇叭聲有一個固定的音高(聲波的波長),當汽車在行駛中,車內的乘客會聽到與靜止時一樣的喇叭聲,但是在車外、靜止的觀察者則會聽到不一樣的音高。

如果這位觀察者在汽車的前方,汽車朝他行駛過來時的喇叭聲波會有所壓縮;如果觀察者在汽車的後方,因為聲源正在遠離當中,所以在觀察者的位置上,汽車的聲波就會被拉長。聲波的壓縮或是拉伸,會使得觀察者聽到不同的音高,右頁圖表 2-16 簡單的呈現這種現象,都卜勒位移可以應用在所有移動的波源。

請你想像一下,現在有一臺疾駛而過的車,或是鳴笛的救護車,

他們在經過你之前與之後，是不是有著熟悉的音高變化？這就是聲波快速的壓縮或是拉伸的現象。這種稱為都卜勒位移的效應，由奧地利物理學家克里斯蒂安・都卜勒（Christian Doppler）於 1842 年首度發現。

都卜勒位移也適用於光波，由於譜線形成時有特定的波長，當產生譜線的電漿遠離觀察者時，光波就會被拉伸，使得原先譜線的波長變得更長，因此會顯得更紅，並在光譜上往紅色的方向偏移，這種現象稱為「紅移」（red shift）；反之，如果電漿朝向觀察者移動，光波就會受到壓縮而變短，並向光譜的藍色端移動，稱為「藍移」（blue shift）。

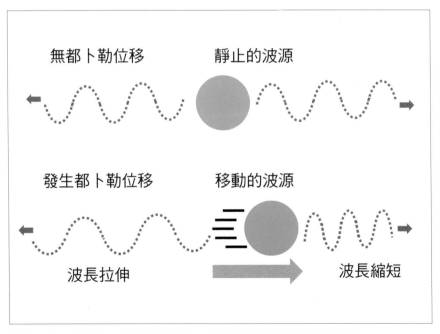

圖表 2-16　波源靜止時和波源移動時，發生都卜勒位移的簡易示意圖。

　　因此，科學家藉由某種已知譜線在光源靜止時的波長，比較觀測到的波長，就可以計算出光源的移動速度。然而都卜勒位移所能推算的速度，僅止於視線方向上，而無法測量光源在天空中平移的速度。

　　天文學家愛德溫・哈伯（Edwin Hubble）利用都卜勒位移來測量其他星系的速度，發現星系之間大多相互遠離，因此為大爆炸理論提供了關鍵證據。

　　對於太陽表面與大氣的觀測，也可以藉由都卜勒位移來測量其中的電漿速度，這是了解太陽噴發原理的重要數據。

　　關於譜線揭示的重要現象中，我們最後要介紹的是在第一章有簡略提及的季曼分裂。

　　在具有強烈磁場的環境中，譜線會分裂成兩部分，這個過程就是季曼分裂。然而，它的原理牽涉到許多複雜的原子物理學，因此在本書中將不會深入介紹。

　　喬治・海耳由於觀測到太陽黑子的光譜中，出現季曼分裂而發現太陽上有強烈的磁場。如今的天文學家，也是透過季曼分裂的現象，來監測太陽整體表面上每分鐘的磁場變化。

　　物理學中，研究磁場影響譜線的方式稱為「分光偏振法」（spectropolarimetry，這是本書第二長的專有名詞，只比「磁性流體力學」的 magnetohydrodynamics 少兩個字母）。

　　測量太陽的溫度、密度、速度與磁場所獲得的資訊，對於太陽物理學家進一步了解我們恆星的奧祕有著至關重要的影響。

北極變南極，78 萬年前發生過一次

最簡單的磁場，是來自於一個獨立的棒狀磁鐵，它具有一個磁性北極（N）與一個南極（S），這樣成對的現象稱為「偶極子」（dipole，英文中的 di- 表示成對的意思）。

在物理學中普遍認為無法獨立出單一個磁極，也就是說「磁單極子」（magnetic monopoles）並不存在，即使將一條磁鐵從中分開，這兩條磁鐵還是具有各自的 S 極與 N 極。

如果你曾經玩過磁鐵，那麼應該會記得異性（S 極與其他磁鐵的 N 極）相吸的原理；反之，如果是同性就會相斥。這是使用鐵粉就可以做到的簡單實驗，你可以在磁鐵周圍看到，無形中有一個影響範圍更大的力場。

這是一個校園中很常見的實驗，只需要將鐵粉均勻撒在盤中，並接著將磁鐵放置在盤中或下方即可，此時鐵粉會沿著磁力線排列，呈現出磁場。藉由鐵粉的位置，可以明顯觀察到磁鐵周圍的磁場方向與強度（見圖表 2-17）。

在簡單的相近概念下，地球可被視為一個巨大的棒狀磁鐵，具有一個南極與

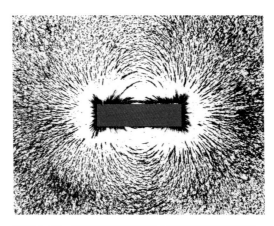

圖表 2-17　鐵粉實驗能明顯展現棒狀磁鐵的磁場。

一個北極。然而，地球的磁極並未與自轉軸對齊，自轉軸也有南北兩極，我們將它們區分為「磁極」（magnetic pole）與「轉軸極點」（rotational poles，譯註：「地理極點」〔geographical poles〕為較常見的說法）。

自轉軸有恆定的極點，它們位於地球兩端的盡頭，而目前地磁北極的漂移速度，大約是每年 55 公里，現今的磁北極則位於加拿大的北部，距離轉軸北極大約 500 公里。

地磁可以完全反轉，使得地磁北極出現在南半球，而上一次出現地磁反轉的時間點大約落在 78 萬年前。

比起地球，太陽的磁場結構更為複雜，這是由於太陽表面在不同的高度與緯度，都有不同的自轉速度。當太陽在極小期而無黑子的時候，太陽的磁場就變得單純，狀態類似於一個磁偶極子。

因為太陽在不同緯度有不同的旋轉速度，單一磁偶極的狀態將會逐漸開始「纏繞」，疊加上其他的磁場，使得整體磁場變得更複雜，而最終太陽表面就會出現許多密集而繁複的磁場，在太陽的南北半球，磁場也有不同的磁極方向。

於是在光球層上，磁場密集的區域會阻礙電漿向太陽回流，因此形成較為低溫的區域，這就是我們看到的太陽黑子。而在太陽黑子上方的日冕區域，密集的磁力線則是充滿著電漿，形成太陽的大氣層中明亮而活躍的區域。

隨著太陽週期的推演，整個太陽表面的磁場又會從快速旋轉的高緯度逐漸收緊、集中起來，新興具有複雜磁場的區域，生成的緯度也會越來越接近赤道，這個現象解釋了蒙德夫婦的蝴蝶圖。

　　最後的階段，當南北兩半球纏繞而複雜的磁場接近赤道時，由於磁極方向相反，就會逐漸彼此抵消，最終剩下一個簡單的磁偶極場，這個磁場的方向會與先前的相反，而這個週期會歷時 11 年。

　　在這過程中太陽會歷經極小期時的簡單全星球性磁場，再到極大期時有著大量複雜的磁場，當太陽的磁場越複雜，產生的太陽黑子數量就越多。

　　一如喬治・海耳的發現，每個太陽黑子都有各自的強大磁場，磁場當中也都可以發現磁南、北極的區域。

　　當大量的太陽黑子出現時，就可以視為光球層上佈滿了強力磁鐵，而有趣的事情則是發生在太陽黑子上方的活躍區域，如同之前提到的鐵粉會受到棒狀磁鐵的影響，太陽的電漿也會受到磁場方向的約束，在太陽的大氣層中形成「冕環」（coronal loops），並且在活躍的區域放出明亮的光芒。

　　雖然太陽黑子的溫度低於周圍的光球層，但是日冕活躍的區域卻恰恰相反，接下來我們所要探討的部分，就是這些活躍區域當中的磁場，會將強大的能量輸入到一個系統中，為太陽閃焰與日冕巨量噴發提供一個條件完美的高能量環境。

　　藉由季曼分裂的現象，我們得以精確地測量光球層上的磁場，並繪製出所謂的「磁場強度圖」（magnetogram）。

　　下頁圖表 2-18 中，一列為太陽極小期，一列為太陽極大期，其中黑白影像是磁場強度圖，分別顯示不同時期的南北半球情況，你會發現在太陽極大期時，磁場顯得更為複雜。

　　在磁場強度圖的上方，是同時拍攝的太陽日冕以及光球層，這

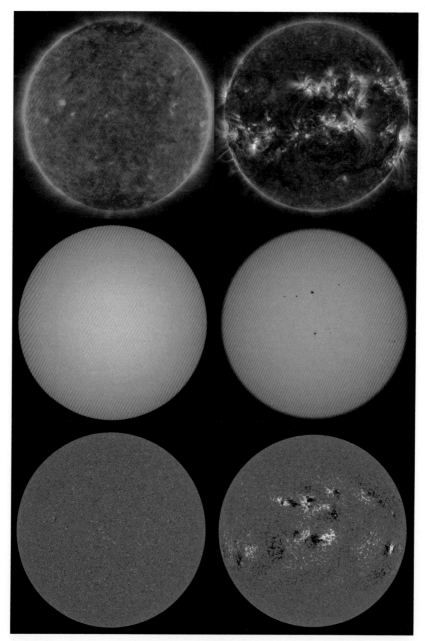

圖表 2-18　左列為太陽極小期、右列為極大期，由上至下依序為日冕、光球層與磁場強度圖的影像。由美國 NASA 太陽動力學探測器所拍攝。

些觀測影像顯示太陽黑子
在光球層中的排列，以及
日冕在磁場複雜活躍區域
的行為。

　　圖表 2-19 則是單一區
域的局部影像，也呈現出
類似的觀察結果。

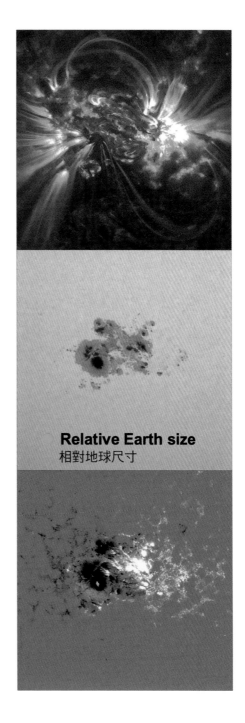

Relative Earth size
相對地球尺寸

圖表 2-19　太陽局部活躍區域，
由上至下依序為日冕、光球層與
磁場強度圖的影像。由美國 NASA
太陽動力學探測器所拍攝。

磁鐵也有能量，什麼是磁性自由能？

太陽大氣層中的活躍區域，也是複雜磁場的區域，它們通常位於太陽黑子上方，而太陽黑子則會不斷演化、變形，其磁場也會變強或變弱。當太陽表面的黑子產生變化時，與其相連的冕環也會同時受到影響，因而被拖曳、扭轉或糾結纏繞，形成太陽閃焰或日冕巨量噴發（CME）。

由於極性相對的磁場會彼此排斥，就如同桌子上兩個單純的磁鐵，讓同性的磁極相互面對的狀況，因此在活躍的區域中，彼此扭曲拉扯的磁力線有時無法解開遠離，這時一種稱為「磁性自由能」（magnetic free energy，譯註：較為通俗的理解與名稱是「磁位能」）的能量就會逐漸累積。

如果類比生活中的磁鐵，為了將一個磁鐵的 N 極靠近另一個磁鐵的 N 極，在同性相斥的作用下，必須藉由手部的動能來推進磁鐵，而手部動能的力氣來自於身體的化學能（通常來自於消耗掉的食物），當磁鐵終於被雙手擠壓在一起，磁鐵本身亟欲互斥的行為，就會在磁鐵之間產生磁性自由能。

此時將手鬆開，這些能量就會轉換成磁鐵的動能，使磁鐵彈開。

同樣的原理也適用於將物體從地面提起，例如你將本書高舉過頭頂，這個過程中你身體的化學能就會轉變成書本上升的動能，而隨著高度越來越高，動能也逐漸變成重力位能，接著當你放開書本時，重力位能又會變回動能，讓書本自你頭頂掉落到地面。

這兩種狀況有相同的本質，都是在一段時間內儲存能量，它們

可能是重力位能或是磁性自由能（見圖表 2-20）。

雖然發生在太陽上的磁場有著更複雜的物理原理，但是上述的範例依然可以表現出類似的現象。在活躍的區域中，冕環的扭曲纏繞會迫使磁場出現自己不想要的型態，因此形成磁性自由能，隨著磁性自由能不斷的累積，這個系統就會更想要釋放多餘的能量，直到最終自由能累積到一個臨界點。

日冕的磁場環會顯示出磁場的方向，在絕大多數的情況下，磁場環不能穿越另一個磁場環，因為若是可以隨意穿越，那麼從一開始就無法累積磁性自由能。

然而當能量太高時，就會出現磁力線彼此通過的擴散現象，而擴散的區域因為有著不斷變化的磁場，所以會產生巨大的電流（回想一下電磁學的內容），該區域稱為「電流片」（current sheet）。

相較於太陽活躍區域的大小，厚度只有大約 10 公尺的電流片

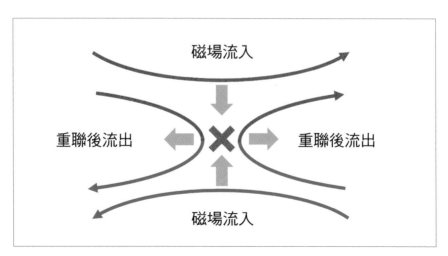

磁場流入

重聯後流出   重聯後流出

磁場流入

圖表 2-20　簡易的磁重聯示意圖，在絕大多數情況下，磁場環不能穿越另一個磁場環。

可以說是薄如蟬翼。在電流片中，磁場會有特殊的行為，也就是當磁場流入這個區域之後，會進入全然不同且低能量的狀態。

這一個消除磁場系統中磁性自由能的過程，稱為「磁重聯」（magnetic reconnection），磁重聯得以完全重整所有活躍區域的磁場，產生更和緩的磁相位（magnetic topology，*或譯為磁拓撲*）。

在磁重聯時釋放的磁性自由能不會憑空消失，而是轉換成別的狀態。在日冕中，磁性自由能會轉換成下列幾種形式：

- **光**：從伽馬射線到無線電波，能量的釋放涵蓋所有電磁波波段。
- **為電漿加熱**：順著重聯而成的新磁力線，電漿會被加熱到超乎想像的高溫，從大約 100 萬℃提升至超過 1,000 萬℃。
- **為粒子加速**：日冕中如電子與質子等粒子，將獲得極高的速度（加速也意味著增加能量），其中一部分加速衝撞太陽表面，另一部分則是加速擴散到太陽系中。
- **動能**：大型的磁場結構得以透過磁重聯而擺脫太陽束縛，並加速進入太陽系。

當能量透過磁重聯而變成光、並加熱電漿與加速粒子，就會形成一種稱為「太陽閃焰」的現象。

右頁圖表 2-21 為爆發太陽閃焰的標準模型的圖說，最初由 1960 年代～ 1970 年代的科學家們發展出來，時至今日，仍然可以很好的解釋許多太陽閃焰的面貌。雖然太陽閃焰是立體空間的現象，但是呈現在平面上的概念卻更容易理解。

在這個模型中，當相反磁場被迫接近彼此，累積大量的磁性自由能，最終產生磁重聯而爆發太陽閃焰的現象，只要不斷有磁力線進入電流片當中，磁重聯就會持續下去。

雖然知道在電流片的兩側會出現新的磁力線，但是目前科學家仍未完全了解其中的所有物理原理。

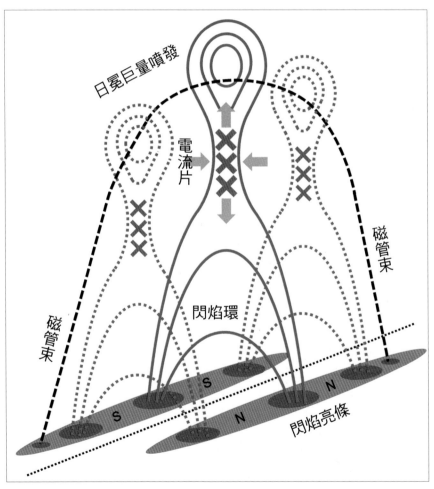

圖表 2-21　太陽閃焰爆發的平面模型，實際上太陽閃焰為立體空間的現象。

　　當新的磁力線在電流片下方形成後，它們仍連接到太陽的表面，形成較為寬鬆的環狀結構，稱為「閃焰環」（flare loops），此時高能粒子會沿著閃焰環加速並撞擊到下方的太陽表面。

　　撞擊的表面是介於日冕底部與光球層之間的薄層，稱為色球層，造成色球層上較冷且稠密的電漿升溫，導致閃焰環與色球層的交界處，放出更多紫外線與硬性（更高能量）X光，過程中忽然增亮的「閃焰亮條」（flare ribbons），會隨著閃焰環的演化而移動與增長。

　　色球層的電漿在升溫之後會開始上升，將高溫的物質填充到閃焰環當中，使得閃焰環在紫外線與軟性（低能量）X光波段變得相當明亮。閃焰環最終會冷卻下來，而新的熱環還是會持續在其上方生成，直到閃焰環的生命週期結束，這些結構大約會維持數十分鐘。

　　太空軌道上的望遠鏡時常可以觀測到太陽閃焰與閃焰環，在某些情況下，如果時機與運氣都具備時，業餘的天文望遠鏡也能發現它們（見右頁圖表 2-22 和圖表 2-23）。

　　理查・卡林頓在 1869 年的卡林頓事件之前所觀測到的，正是太陽黑子中明亮的閃焰環──他是歷史上第一位目擊太陽閃焰的人。

　　讓我們繼續來看太陽閃焰的標準模型。在發現電流片的上方，其實也有重新連接的磁力線，只是與下方的新磁力線不同，這部分的磁力線不再錨定於太陽表面。

　　在立體空間中，這部分並未完全脫離太陽的束縛，仍然透過重聯環中複雜的磁場結構連接到太陽表面，在該圖說當中標記為「X」，稱為「磁管束」（flux rope）。

　　原先固定在太陽表面的磁力線，會因為磁重聯重組磁場而斷開與太陽的聯繫，削弱磁管束與太陽表面之間的連結，這將會使得磁管束略微上升，從而收緊周圍的磁力線，迫使更多的磁力線進入電流片並進一步產生磁重聯。

　　這會形成一個正向回饋的機制——持續產生的磁重聯會加速磁管束上升，磁管束上升會產生更多磁重聯。於是磁管束與周圍的磁場不斷的加速遠離太陽，直到速度達到每秒鐘 3,000 公里時，就會形成太陽爆發的現象。

　　在太陽系中，秒速 3,000 公里是非常快的速度，太陽噴發的物質在這樣的速度時，一天之內就可以橫跨太陽到地球的距離，這種噴發就是 CME（見下頁圖表 2-24）。

　　雖然在 1860 年的日全食期間，人類就無意間觀測到並記錄下 CME，但是直到 1971 年，科學家有足夠的軌道望遠鏡觀測資料時，

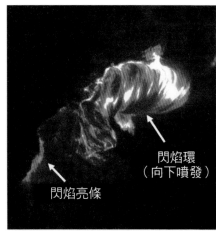

圖表 2-22　閃焰亮條與閃焰環，由 SDO/AIA 304Å 拍攝。

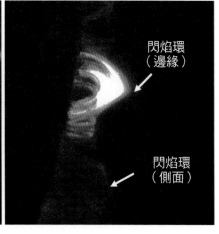

圖表 2-23　從閃焰環的側面可以看見弧形拱，由 SDO/AIA 304Å 拍攝。

95

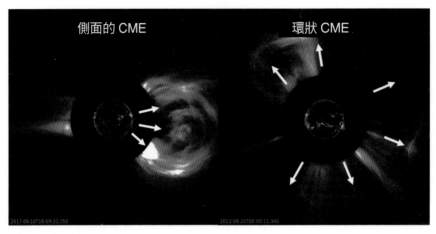

圖表 2-24　側面與正對地球（環狀）的日冕巨量噴發。

才正式發現這個現象。

　　在地球上觀測時，各種角度都有可能出現 CME，如果爆發的角度是側面朝向地球，我們就可以清楚的看到它們的方向、速度與結構；如果是正面向著地球而來，我們就會看到 CME 擴張並朝我們襲來的光暈，稱為「環狀日冕巨量噴發」（halo CME）；如果是背向地球而形成遠離地球的噴發，我們也會見到環狀日冕巨量噴發。

　　近年來，科學家們把注意力轉向一種稱為「隱形日冕巨量噴發」（stealth CME）的特殊 CME，這是當天空中的 CME 明顯可見，卻找不到太陽上明確來源的現象。

　　太陽物理學家們過去認為，隱形 CME 之所以看不到發生源，是因為位處太陽的背面。然而問題是，在某些狀況之下，我們卻依然能在幾天後偵測到 CME 的物質抵達地球──顯然這是朝我們而來的 CME。

　　為什麼有這種類型的噴發？為什麼我們在太陽大氣層的低處看不到發生噴發的特徵？這是一個目前還在研究中的領域。

　　這也強調了望遠鏡要設置在地球軌道外的重要性，如此一來才能在不同方向上看到地球與太陽之間的狀況，這些「制高點」上的太空探測器將能準確的提供爆發的資訊，以及何時會朝向地球而來，同時我們還能監測 CME 朝地球行進時的變化。

　　透過太陽閃焰爆發的標準模型，我們得以知道太陽閃焰如何造成 CME，然而這也只是引發 CME 的其中一種機制。

　　事實上，太陽閃焰與 CME 大約只有 50％的情況會產生關聯，兩者甚至可以完全獨立於彼此。

　　還有許多其他的物理數學模型也能解釋太陽的一些噴發現象，有些閃焰的出現並未伴隨著噴發；有些 CME 發生時，也沒有明顯見到磁重聯，隱形 CME 可能就是後者的一個例子。

　　依據其釋放出的軟性 X 光能量大小，太陽閃焰可以分為四級：B 級、C 級、M 級以及 X 級閃焰，每一級釋放的能量都是上一級的10 倍。

　　雖然磁重聯是太陽閃焰發生的主要過程，但是磁重聯不只會發生在高能量的爆發中，也會發生在整個太陽的表面上。換言之，當磁重聯釋放出足夠大的能量時，我們才將所觀測到的現象稱為太陽閃焰，而其他各處也存在許多小規模的增亮區域與噴流。

　　因此，當我們建造新的望遠鏡而得以更詳細的觀察太陽時，就會看到更小規模的增亮區域，甚至有科學家認為有一種我們永遠無法觀測到的極微小閃焰、稱為「極微閃焰」（nanoflare）的超小型

磁重聯，這種微小的現象很有可能存在，才能解釋為何太陽大氣層的溫度，遠比太陽表面來得高，我們將會在後續的章節提供更詳細的介紹。

如何取得天王星與海王星近距離照片

太陽與地球之間並不是一無所有的真空，而是充滿來自太陽大氣層、不斷散發出來的低密度電漿流，稱為「太陽風」。

太陽風的傳播速度大約是每秒 400 公里，密度則是每一立方公分中低於 10 顆粒子，大約是地球海平面空氣密度的千萬兆分之一。

太陽風當中的電漿與日冕中的電漿類似，都會與磁場結合，而且在遠離太陽時一併將磁場拖曳出去，這樣的磁場會延伸到冥王星之外，形成「太陽圈」（heliosphere，或稱「日光層」）。

此外，我們太陽系當中的七顆行星：水星、火星、地球、木星、土星、天王星和海王星也都有各自的行星磁場（其中水星與火星磁場尚有爭議）。由於太陽的磁場壟罩，行星的磁場就會呈現出磁性「氣泡」的模樣，這樣的磁場稱為「磁層」（magnetosphere）。

地球的磁場可以視為來自一個巨型棒狀磁鐵（具有一個 N 極與一個 S 極），在高海拔地區的地磁會遭受太陽風的影響而明顯變形。

地球的晝側，也就是地球面對太陽、正值白天的地方，太陽風會撞擊並壓縮地球的磁場，同時太陽風自身的速度也會驟減，形成「艏（**編按：音同首**）震波」（bow shock，就像船在水中航行時，

船首出現的震波），在艏震波底下就是地球磁層的明確邊界。

而地球的夜側，磁場則會像河水往下游流去一般被向外拉伸，形成地球的「磁尾」（magnetotail），如同前面以船艦為喻，磁尾就像是船的「尾流」（見圖表 2-25）。

太陽圈即是太陽磁場的所有範圍，而太陽圈的邊界也被一些科學家定義為太陽系的邊緣，不過這並非唯一的定義。

當太陽在銀河系當中移動時，也會同時拖曳自身的磁場，此時的太陽圈就如同地球的磁圈面對太陽圈一樣，於星際空間中形成艏震波，而位於艏震波之內的就是太陽圈的前緣，稱為「太陽圈頂」（heliopause，或稱：日球層頂、太陽風層頂），至於太陽行進方向的後方，則會形成一條非常長的磁尾，其延伸的長度遠大於太陽到太陽圈頂的距離。

圖表 2-25　藝術家筆下受太陽風影響的地球磁層。

在 1977 年時，美國 NASA 發射了兩艘太空探測船：航海家一號（Voyager 1）與航海家二號（Voyager 2）。這次主要執行的任務是讓探測船飛掠其他太陽系內的行星，測量飛掠時所見到的環境，並且首次獲取能近距離拍攝的照片。

這項任務成績斐然，獲得了木星與土星在往後數十年間最好的影像（見右頁圖表 2-26），直到 1990 年代才被這些行星專屬的探測任務超越，至於天王星與海王星則是從航海家任務之後，至今再也沒有其他太空探測船造訪過。

當航海家計畫中的主要任務完成後，這兩艘太空探測船就持續以 61,500 公里的時速奔向太陽系的邊緣，並且在飛行的途中測量太空環境。

這個過程維持了數十年，期間航海家一號持續的測量所經區域的密度與磁場，並將採集的數據傳回地球。

然而在 2012 年的 8 月，航海家一號的儀器讀數突然變得很奇怪，經過分析，科學家確認此時的太空船已經穿越太陽圈頂，離開太陽圈而進入星際空間。從航海家一號發射的那刻起，總共歷時 35 年，航行 180 億公里（大約是地球與太陽距離的 122 倍），才終於抵達這個位置；6 年後的 2018 年，航海家二號也完成這項里程碑。

在本書付梓時，離開太陽圈的人造物體只有這兩艘太空船，接下來則要到 2030 年，另一艘太空探測船「新視野號」（New Horizons，於 2015 年時飛掠冥王星）才會跨越太陽系的邊界，加入它們的行列。

　　時至今日，航海家一號與航海家二號仍持續航向星際空間的深處，年復一年直到遙遠的未來（見下頁圖表 2-27）。

　　太陽風的速度並非恆定不變，而是取決源自太陽上何種區域。

　　寧靜的太陽區域會產生平均秒速 400 公里的太陽風，而太陽大氣層中稱為「冕洞」（coronal holes）的大洞，則可以產生最快每秒700 公里的太陽風。

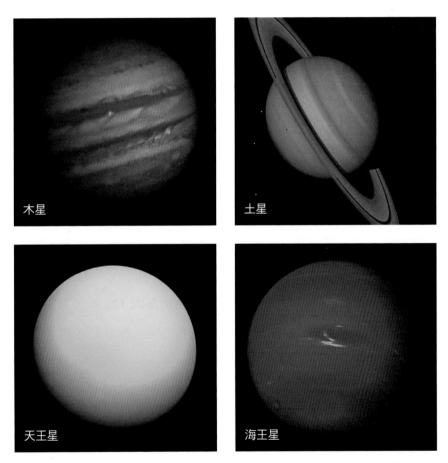

圖表 2-26　航海家一號與航海家二號在太陽圈內航行時，所拍攝的木星、土星、天王星和海王星的照片。

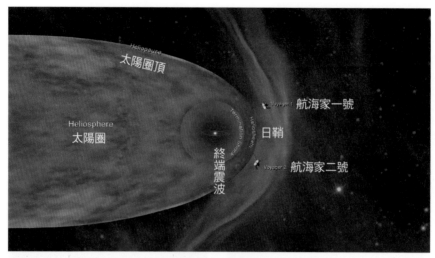

圖表 2-27　航海家號太空船與太陽圈的相對位置（未按比例繪製）。

　　當太陽發生 CME 時，這些噴發的物質就會以秒速 2,000 公里（甚至更快）的速度進入太陽風的區域，這時的 CME 就如同鏟雪車一樣，會將前方行進速度較慢的太陽風鏟起，這些堆積的太陽風密度就會升高，並持續在太陽系內散播。

　　在太陽風當中，太空船藉由「品嘗」周圍的環境，測量出 CME 所維持的磁場結構。其中一些太空船距離地球大約 150 萬公里，大約是地球與太陽距離的 1%，此外還有其他太空探測船距離太陽更近，例如 NASA 的「派克太陽探測船」（Parker Solar Probe）或是歐洲太空總署（European Space Agency，ESA）的「太陽軌道載具」（Solar Orbiter），能在更接近太陽的位置測量太陽風（見第 104 頁圖表 2-28 和圖表 2-29）。

　　雖然太陽風總是如輪輻一樣從太陽輻射出來，但是太陽的自

轉，卻會造成太陽風的磁場出現螺旋的形狀，稱為「帕克螺旋」（Parker spiral）。

為了讓各位讀者們更具體理解這一點，請你想像自己正拿著水管澆花，當你身體開始旋轉時，澆花的水滴雖然都是從你身邊直接飛出，但是整體系統則會出現不斷向外擴散的螺旋。

因此當我們在地球上看到來自太陽表面的中心，出現太陽風或是噴發時，實際上並不會襲擊地球，由於帕克螺旋的效應，電漿會偏離到地球左側數千公里的位置（所謂的左右側是將太陽北極朝上時的相對方位），完全錯過地球。抵達地球的太陽風來自太陽中間偏右的位置，因此在這裡發生的噴發現象，可能會對地球帶來危險的影響。

除了綠光，極光還有紅光和藍光

在人類有紀錄的歷史當中，最令人印象深刻的極光莫過於 1859 年 9 月的卡林頓事件，這部分在本書的第一章當中有簡單的介紹。

事發前一天，理查・卡林頓觀測到太陽上出現一道閃光，如今我們已經知道這是太陽閃焰，比起該事件造成的強烈極光，更奇怪的是歐洲各地電報機出現故障，甚至還有在未接電源的情況下持續發送或接收電報，當天究竟發生了什麼事？

卡林頓所觀測到的，是一次巨大的太陽閃焰，雖然太陽閃焰通常出現在紫外線波段的範圍，因此若是要產生足夠明亮的可見白

光、超越太陽表面的亮度
而得以分辨出來，就必須
是最大型的閃焰。

太陽閃焰會引發一
次 CME，依據卡林頓的
觀測，我們發現這次的閃
焰發生的地方，沿著帕克
螺旋的路徑，不偏不倚就
是地球的位置。

因為太陽的自轉，
如果這次太陽閃焰提早或
是晚幾天出現，其產生的
CME 就不會直擊地球。
由於 CME 會挾帶複雜的
磁場，因此當它與地球磁
層接觸時，就會發生一些
有趣的物理現象，並導致
地球上出現極光。

磁重聯為驅動太陽
閃焰主要功臣，也是產生
極光的關鍵機制。

圖表 2-28　NASA STEREO-B 太陽圈成像器所觀測到的太陽風。右側的亮點是地球，而太陽則在左側的畫面之外。

圖表 2-29　NASA 派克太陽探測船上 WISPR 儀器所觀測到的太陽風。

　　由於只有相反方向的磁場之間才能發生磁重聯，因此 CME 在撞擊地球磁層時的方向就相當重要。地球磁層有固定的方向（至少在 CME 發生的時間尺度中不會改變），磁北極總是指向「上方」，然而 CME 卻可以具有任何方向的磁場，取決於 CME 形成時，所在源頭——活躍區域的磁場，以及 CME 從太陽行進到地球時的狀態。

　　如果接觸地球磁層的 CME 也具有北向的磁場，磁重聯就不會發生，CME 會很單純的流過地球，如同溪水遇見一塊大石頭。

　　反之，如果 CME 的磁場是與地球相反的南向磁場時，我們將會見到有趣的場景：在地球晝側 CME 撞擊的區域，CME 的磁場與地球的磁層之間會發生磁重聯，進而使得太陽風與地磁的兩極相連。

　　這種開放性的連接無法長久維繫下去，因為高速的太陽風，會將重新連接的磁場拖曳到地球夜側，此時磁力線就會延伸至地磁磁尾的兩旁，但由於此處的磁力線方向彼此相反，因此磁重聯又再度發生，只是這次發生於地球的磁尾（見下頁圖表 2-30）。

　　磁重聯使得地球磁層重新封閉起來，新形成的磁力線周圍則會出現高能粒子，其中有一部分的高能粒子直接來自於 CME，但是大部分的粒子，則是接收磁重聯釋放的能量而獲得加速。

　　上述在晝側發生磁重聯，而後又於夜側再次發生磁重聯的過程，稱為「鄧基循環」（Dungey cycle），來自於天文學家詹姆斯・鄧基（James Dungey）在 1961 年時首次提出的概念。

　　當高能粒子沿著地球磁場前進，最終會抵達地球南北兩極的區域。在接近地表的過程中，這些粒子會撞擊地球大氣層中較冷的氣體，進而激發氣體中的電子。

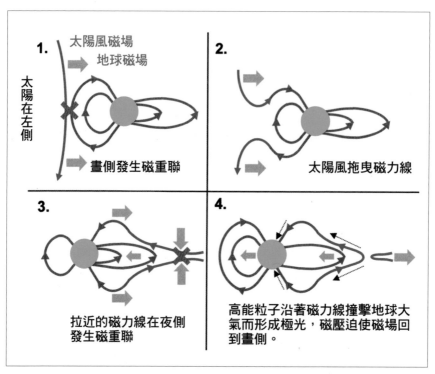

圖表 2-30　相反磁場的 CME 撞擊地球時，產生的磁重聯引發極光的過程。

　　接下來的過程就如同之前描述太陽，原子會釋放這些受激發獲得的多餘能量，轉化成光的形式散播出去（電子釋放的能量決定光的波長），於是就會導致大氣層發光，這就是極光形成的過程。

　　論其本質，極光是地球大氣層的發射光譜，而光的顏色代表光的波長，不同波長則會反映地球高處大氣層的特徵。由於極光來自於特定光譜，因此帶有色彩而非白光，常見的綠光是來自於氧原子中電子能階的變化；較為罕見的紅光與藍光則是來自於氮原子。

　　CME 的南向磁場，與地球磁場的磁力線越接近平行時（以數學

來描述，就是呈現出越明顯的南向分量），所產生的磁重聯就會「剝離」更多地球晝側的磁層。因此 CME 影響地球最主要的因素，既不是規模大小、也不是速度，而是磁場方向。

隨著發生於夜側的磁重聯越來越多，高能粒子撞擊地球大氣層的位置也逐漸遠離兩極，在 1859 年發生卡林頓事件的期間，CME 帶著強大而近乎平行的南向磁場，以至於離極區遙遠的熱帶地區都觀測到極光。

除了這種特殊情況外，**極光通常只會出現在地球兩極附近。**

當 CME 撞擊到地球磁場而形成的擾動，稱為「磁暴」（geomagnetic storm），而當 CME 或是太陽風流過時，引發磁暴的程度則稱為「地磁效度」（geoeffectiveness）。

在太陽爆發出 CME 後，除非已經快要抵達地球，不然科學家很難預估它對我們的影響會有多大。小型磁暴的發生，也可能是來自於冕洞生成的高速太陽風流，但大型的磁暴幾乎都來自於 CME。

下頁圖表 2-31 展示了北極光的樣貌，你如果有機會親眼目睹，將會對此美景印象深刻。

第 110 頁圖表 2-32 由專業的極光追蹤者所拍，圖表 2-33 則是極光新手使用手機拍攝的成果。

如果你想從更多地球的角度來了解關於極光的資訊，例如歷史、科學與攝影技巧，推薦各位參閱柯林斯天文叢書（Collins Astronomy collection）的《北極光：極光的終極指南》（*The Northern Lights: The Definitive Guide to Auroras*，暫譯），作者是我的導師兼好友湯姆・凱爾斯（Tom Kerss）。

圖表 2-31　由 NASA 拍攝且帶有不同顏色的極光，相對於綠色極光，紅光和藍光較為罕見。

影響人類科技的太空氣象

　　磁暴除了形成美麗的極光外，還會造成其他影響，它有可能干擾人造衛星、電力網以及其他基礎設施，因此太陽活動對人類科技的影響，就稱為「太空氣象」。

　　主要有三種類別的現象會影響太空氣象：磁暴、太陽輻射風暴、以及無線電中斷，每一個類別都與太陽發生的事件密不可分。

・磁暴來自於磁層中所發生的磁重聯，其原因是 CME 或流經地球的太陽風。

・太陽輻射風暴來自於太陽閃焰，因為粒子來回反彈加速而成的高能粒子。

・無線電中斷則是由於地球高處的大氣層，受到太陽閃焰強烈照射而形成的結果。

　　關於這三類的太空氣象，接下來將有更詳細的介紹。

磁暴可能造成重大的經濟損失

　　當地球磁場受到太陽活動而出現變化時，就可能會出現磁暴。其原理是當帶有明顯南向磁場的 CME 或是高速太陽風流，在地球晝側影響磁層，造成地球夜側發生磁重聯的現象。

圖表 2-32　專業極光獵人文森·萊德維納拍攝的北極光。

圖表 2-33　極光新手大衛·威爾德古斯（David Wildgoose）第一次拍攝極光。

相較於高速太陽風流，CME 會造成更大也更難預測的磁暴，這是因為高速的太陽風流來自於冕洞（見圖表 2-34），也就是太陽大氣層中開放磁場的區域（一如字面上的意思，就是日冕上的洞。**譯註：開放磁場的磁力線會延伸到距離太陽遙遠的區域，甚至到達星際空間**）。

由於冕洞會持續較長的時間，科學家能在提前約一週的時間，預測高速太陽風流何時抵達地球與地磁效度。

磁場與電場由於電磁效應而密不可分，當磁場發生變化時就會生成電場，從而在導體內產生電流。

當地球磁場在經歷磁暴而產生變化時，地球上的長距離導線就會出現明顯的感應電流。不幸的是，我們的電力輸送線、電報線與鐵路供電系統，正是這種長距離的導線。

在 1859 年卡林頓事件期間，即使沒有人為輸送電流，地磁變化在電報線中產生的電流足夠大，使得電報機獲得明顯的電報訊號。

對正在運作的電報系統而言，額外的電流出現使得系統過載，導致電報機出現火花並電擊操作人員。

普遍來說，當快速變化的電場出現時，如

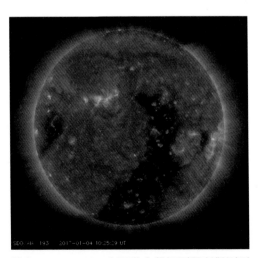

圖表 2-34　NASA 太陽動力學探測器所觀測到的冕洞。

果電子元件沒有抵抗的設計，就會遭受許多損害。在我們的居家環境當中，快速的開關電器，或是電器忽然發生故障，都可能會導致開關跳脫或保險絲熔斷，這樣的設計是為了避免家中電力系統產生永久性的損壞。

在磁暴期間產生的電流，會明顯大於吹風機造成短路的電流。更不幸的是，我們現代生活中有大量的電器，因此要擔心的問題，遠多於當年的卡林頓事件。

在太空中，我們日常生活中所依賴的人造衛星，如果身處在磁場變化劇烈的區域，就可能出現超出其設計範圍的感應電流，引發暫時的故障或永久性的損傷。

而在地面上，火車供電設施中，長達數公里的直條電纜（十分良好的導體），也會因為磁場劇變而引發類似的技術故障。

此外，磁暴引起的電場也會在其他地方生成額外的電流，例如在電力輸送網中，電纜與變壓器等設備本身就已經帶有電流，當額外的電流出現，就可能造成許多元件損壞。

如果變壓器損毀，可能造成局部地區出現數小時至數天不等的停電狀況。在 **1989 年時發生的一場 CME，就造成加拿大東海岸的電網癱瘓了 13 個小時，使得數百萬人無電可用。**

就如同極光出現在極區一樣，磁暴所帶來的負面影響，在地球兩極的區域也最為明顯。

當地磁效度增強時，受影響的區域就會延伸到更低緯度，而卡林頓事件由於影響範圍廣泛而強烈，因此普遍認為這是磁暴最嚴重的一次。

為了提前準備好面臨類似的狀況，太空氣象預報機構（我們將會在後續的篇幅中介紹）就顯得相當重要。

如果卡林頓事件發生在今天，可能造成高達 15%的人造衛星永久損毀，地面上許多地區會發生長達數天的大停電，並且可能會成為有史以來，造成最大經濟損失的自然災害。

衛星壞掉了，可以重啟嗎？

太陽閃焰會產生光、加熱電漿以及將粒子加速到高能狀態。受到太陽閃焰加速的質子與電子，行進的方向可能會朝著太陽，也可能會朝向太陽系的其他地方，而形成所謂的「太陽高能粒子」（solar energetic particles）。當這些高能粒子抵達地球時，就會造成太陽輻射風暴。

太陽高能粒子的行進速度略低於光速，因此在觀測到太陽閃焰之後，數分鐘才會抵達地球。

我們的電腦系統是由電路板與許多電子元件組成，並透過電子的運行以執行各種複雜的功能。由於大多數的太陽高能粒子無法穿透地球的大氣層，因此不會對地面上的電腦造成影響，但是人造衛星上的電腦就沒有這樣幸運了。

當來自太陽的電子穿入衛星的電腦硬體後，電腦元件無法區別所接受的電子是來自於其他元件送出的訊號，還是太陽的干擾。這些在電腦中流竄的「突發電子」（rogue electrons）會造成「單粒子

翻轉」（single event upsets）而隨機開啟衛星上的某項功能，甚至導致衛星失效（見圖表 2-35）。

雖然大多數的情況下，這些干擾可以藉由「電源重啟」（power cycle，將電源關閉後再打開的特殊術語）來排除，然

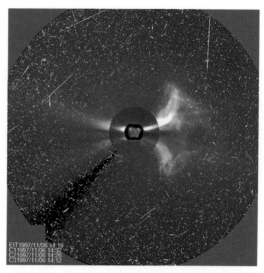

圖表 2-35　當 NASA SOHO 廣角光譜日冕儀觀測到太陽閃焰的同時，受到大量高能粒子的干擾。

而重新啟動衛星存在著相當大的風險，因為多數衛星在製造時很少測試這種情況，因此有可能再也無法運作。

太陽輻射風暴是來自太陽的高能粒子射線叢，如同驟降的暴雨襲擊地球。

在一些罕見的情況下，太陽高能粒子得以穿透大氣層抵達地面，稱為「地面級事件」（Ground Level Enhancement，GLE），目前有紀錄的次數不多。

當 GLE 發生時，地球上人類接收的輻射量會增加，甚至達到有害的程度。因此對於沒有大氣層保護的太空人來說，太陽高能粒子的危害就更加顯著，於是便有相關的安全程序，一旦預報即將迎來這類狀況，太空人可以向國際太空站尋求庇護。

在地球上的人類，如果乘坐飛機飛越高緯度地區，那麼機長、

機組員與乘客都會接受到較高劑量的輻射，雖然這種情況不會立即導致身體病變，但如果反覆暴露在這種環境，就會增加罹癌的風險，所幸大型的太陽輻射風暴並不常見，因此不會對時常搭飛機的人員或乘客造成重大威脅。

差點引發美國與古巴的戰爭

最後一類的太空氣象稱為無線電中斷，當太陽閃焰產生的強烈 X 光轟擊外側大氣層時，就會發生這個現象。

X 光會傷害身體，因此人在一生當中都應盡可能減少暴露在 X 光當中。

幸運的是，地球的大氣層會吸收 X 光，因此太陽閃焰發出的 X 光不會抵達地球表面，但也正因為吸收了 X 光的能量，大氣的外層就會升溫而膨脹。雖然大氣層外圍的升溫不會影響地表的溫度，卻會影響我們的通訊系統，這是因為要傳送遠距離的無線電訊號，必須藉由外圍的大氣層（**譯註：稱為電離層**）來反射無線電波，為不同地點之間的衛星、船舶與飛機提供通訊服務。

當太陽閃焰發生時，如果地球的外圍大氣層因 X 光影響而膨脹，就會使得無線電波難以有效傳播，這種現象稱為「無線電中斷」（radio blackout），而最嚴重的區域則是在地球的晝側。

在無線電中斷的期間，應用無線電波傳送訊號的技術將難以正常運作，甚至會完全停擺。對於執行軍事行動和救災而言，了解無

線電通訊在何種情況下會失效，是至關重要的事情。

例如 2017 年的 9 月分，艾瑪颶風重創加勒比海時，地球恰巧遭受一系列大型太陽閃焰的影響，出現無線電中斷的情況，導致救援受到阻礙。

無線電中斷如果發生在國防軍事上，使得決策者無法判斷這究竟是來自太空氣象，抑或是敵方陣營的干擾攻擊，將可能導致非常嚴重的後果。

在古巴飛彈危機最嚴峻的 1967 年，美國的追蹤系統因為太陽活動而導致無線電中斷，當時軍方的初步判定認為這是敵方進攻的前奏，所幸美國在下令報復反擊之前，科學家意識到這是太陽的傑作，而非敵人的行動。為了避免產生誤判而導致無法挽回的嚴重後果，這件事情也成為美國挹注經費在研究太空氣象的轉捩點。

全球導航衛星系統（Global navigation satellite systems，GNSS），例如由美國營運操作的全球定位系統（Global Positioning System，GPS）的通訊，也是藉由通過大氣層的無線電波來傳遞。

在太空氣象發生劇烈事件的期間，人造衛星的訊號將受阻而無法傳達到地表，雖然乍聽之下，生活中失去 GPS 訊號不需要大驚小怪，但是許多領域如航空、船運、急難服務、大型自動化農業生產或採礦，都依賴 GPS 來運作。

大規模的無線電中斷相當罕見，衛星定位導航的技術從發明至今，我們還沒有經歷過大規模的中斷事件，不過小規模的中斷事件則時有所聞，影響許多倚賴無線電科技的專業用戶。

該為自然災害做什麼準備？

在 2010 年，冰島艾雅法拉冰蓋（Eyjafjallajökull）下的火山爆發，大量的火山灰隨風擴散到北歐地區，造成在該年四月分的飛航空域，有八天處於關閉的狀態。

這一場災害，造成史無前例且出乎意料的飛航中斷，導致全球航空業損失 17 億美元。在這次事件之後，英國與各國政府，就開始為先前沒有制定對策的自然災害，依照其可能產生的後果，思考更完善的應對方式。

在不久之後的 2011 年，太空氣象終於被納入英國國家風險評估（UK National Risk Register）中，該表列出所有可能造成國家級危害的潛在事件，當中包含人為與自然因素產生的災害。

這是一份龐大的文件，詳細描述各種潛在的災難，本書所呈現的列表，是改編自英國國家風險評估，節錄並比較太空氣象相對於其他威脅英國的自然災害。這份表單的橫列為每年發生災害的機率（以百分比表示），直行則是潛在影響高低的分類，由影響最低的 A 到影響最高的 E（見下頁圖表 2-36）。不過請留意，這是專指影響英國的災害程度，因此往往不適用於更廣大的地理區域（強烈的太空氣象事件確實會影響廣大的區域，但是地區性洪水則不然）。

發生機率 影響程度	低於 0.2%	0.2%～1%	1%～5%	5%～25%
E 級	工業上的核能事故		廣泛性流行病	
D 級			沿海或河川的嚴重洪災、大範圍停電	
C 級		極端乾旱、動物疾病、系統性金融危機、重大火災	太空氣象、大範圍的社會動亂、抗生素抗藥性	強烈風暴、火山爆發
B 級	慘重的交通事故	野火	非核能工業的事故	來自海外的環境災害
A 級			地震	

圖表 2-36　英國國家風險評估的摘要。這份表單將英國每年可能發生的各種災害，列出發生機率與各種潛在影響程度（A 表示最低，E 為最高）的關係。

太空氣象也有預報員？

　　全球各地有許多機構，正在全年無休的預報太空的氣象，其中兩個主要的非軍事太空氣象預報單位，是美國國家海洋暨大氣總署（US National Oceanic and Atmospheric Administration， NOAA，簡稱「諾阿」）中的太空天氣預報中心（Space Weather Prediction Center，SWPC），以及英國氣象局太空氣象應變中心（UK Met Office Space Weather Operations Centre）。

如同我們生活中聽到氣象預報員的天氣預報（或是太空科學家稱為「地球氣象」），太空氣象預報員也會提供每日兩次的太空氣象預報。

由於目前無法掌握太陽閃焰出現的時機，因此難以發出準確的預報，太空氣象預報員必須檢查太陽活躍區域的複雜磁場，藉此發布太陽閃焰發生的機率。

一旦出現太陽閃焰，地球可能會遭遇太陽輻射風暴以及無線電中斷，因此預報員還會繼續觀察，以提供該次事件可能持續的時間，以及其他最新的消息。

預測磁暴的情況則稍有不同，如果是受到來自冕洞的太陽風，其磁暴的地磁效度屬於較容易預測的一類；若是由 CME 引起的磁暴，在預報上就較為棘手。

當預報員觀測到太陽出現噴發現象後，CME 抵達地球的時間還有 16 小時 ～ 36 小時，而在 CME 抵達之前，科學家會藉由最尖端的物理模型來分析觀測數據，試圖預測 CME 的速度、影響的時機和可能的影響程度。

太空氣象預報員將三種太空氣象的潛在影響，都依照不同規模分成五種等級。例如卡林頓事件等級的事件，發生頻率大約是 100 年～ 150 年一次，這也是多數科學家認為太空氣象中最嚴重的等級。結合 NOAA 與英國氣象局的預報資訊，本書整理出圖表 2-37 ～圖表 2-39（請見第 120 頁～第 122 頁），包含磁暴、太陽輻射風暴和無線電中斷等太空天氣規模概述的列表。

磁暴		
規模	影響	平均頻率
G5 －劇烈 （Kp ＝ 9）	電力系統：大規模崩潰或停電，變壓器損壞。 太空船：可能需要調整衛星的角度和位置。地面與衛星之間面臨一些通訊與追蹤的問題。太空船表面出現大量電荷。 衛星導航：持續數日的訊號不良。 極光：整個英國以及美國佛羅里達州和德克薩斯州南部都可見到。	每個週期 4 天
G4 －嚴重 （Kp ＝ 8）	電力系統：可能會出現電壓控制的問題，不會產生重大影響。 太空船：可能需要調整衛星的角度和位置。可能會出現一些表面電荷。 衛星導航：持續數小時的訊號不良。 極光：整個英國以及美國阿拉巴馬州和加利福尼亞州北部都可見到。	每個週期 60 天
G3 －強 （Kp ＝ 7）	電力系統：可能會出現電壓控制的問題，不會產生重大影響。 太空船：可能需要調整衛星的角度和位置。可能會出現一些表面電荷。 衛星導航：偶爾出現訊號不良的情況。 極光：在英國的北愛爾蘭、威爾斯中部和密德蘭地區，以及美國的伊利諾州和俄勒岡州都有機會見到。	每個週期 130 天
G2 －中等 （Kp ＝ 6）	電力系統：高緯度地區可能會出現電壓控制的問題，影響有限。 太空船：可能需要調整衛星的角度和位置。 極光：在英國的蘇格蘭各地，以及美國的紐約和愛達荷州都有機會見到。	每個週期 360 天
G1 －輕微 （Kp ＝ 5）	電力系統：無重大影響。 太空船：可能對衛星運作產生輕微影響。 極光：在英國蘇格蘭北部，以及美國密西根州和緬因州都有機會見到。	每個週期 900 天

圖表 2-37　磁暴的影響列表。G 值表示地磁暴影響的規模，而 Kp 指數則是在物理的量測中，磁暴引起地球磁場變化的幅度（Kp 指數全稱為「行星 K 指數」，其中 K 是指磁場的水平分量）。平均頻率代表在每個太陽週期（約 11 年）中，發生該規模事件的總天數。

太陽輻射風暴		
規模	影響	平均頻率
S5 －劇烈	人類健康：太空人將無法避免高劑量的輻射傷害，飛機經過高緯度地區的上空時，乘客與機組人員暴露在更多的輻射中，高海拔地區的居民也會受到影響。 衛星：衛星上所儲存的資料、影像、追蹤和控制將會遺失。其太陽能板會形成永久性的損傷。	每個週期1 天或少於 1 天
S4 －嚴重	人類健康：太空人將無法避免高劑量的輻射傷害，飛機經過高緯度地區的上空時，乘客與機組人員暴露在更多的輻射中，高海拔地區的居民也會受到影響。 衛星：儲存的資料、影像和追蹤會出現問題，太陽能板發電效率下降。	每個週期3 天
S3 －強	人類健康：太空人將遭受輻射傷害，飛機經過高緯度地區的上空時，乘客與機組人員暴露在更多的輻射中，高海拔地區的居民也會受到影響。 衛星：出現單事件翻轉、影像雜訊，太陽能板的發電效率略有下降。	每個週期10 天
S2 －中等	人類健康：飛機經過高緯度地區的上空時，乘客與機組人員暴露在較多的輻射中，高海拔地區的居民也會受到影響。 衛星：出現單事件翻轉。	每個週期25 天
S1 －輕微	對人體與衛星無顯著影響。	每個週期50 天

圖表 2-38　太陽輻射風暴影響列表。平均頻率代表在每個太陽週期（約 11 年）中，發生該規模事件的總天數。

無線電中斷		
規模	影響	平均頻率
R5 －劇烈 （X20 閃焰）	地球畫側的無線電通訊、無線電導航將完全中斷，期間衛星導航也會出現大量錯誤（導致飛機或船舶無法通訊或導航），持續長達數小時。	每個週期 1 天或少 於 1 天
R4 －嚴重 （X10 閃焰）	地球畫側將面臨無線電通訊中斷、無線電導航中斷，以及發生衛星導航的輕微錯誤。持續時間大約為 1 ～ 2 小時。	每個週期 8 天
R3 －強 （X1 閃焰）	地球畫側發生無線電通訊中斷，無線電導航訊號不良，發生時間大約為一小時。	每個週期 140 天
R2 －中等 （M5 閃焰）	地球畫側發生局部無線電通訊中斷、無線電導航性能下降，發生時間大約為數十分鐘。	每個週期 300 天
R1 －輕微 （M1 閃焰）	無線電通訊出現輕微不良情況（偶爾會失去聯繫），地球畫側的無線電通訊則有較明顯的狀況，發生的時間較為短暫。	每個週期 950 天

圖表 2-39　無線電中斷影響列表。 R 值是無線電中斷的規模，也同時對應到太陽閃焰的等級（該等級為閃焰實際尺寸的分類）。平均頻率代表在每個太陽週期（約 11 年）中，發生該規模事件的總天數。

透過年輪和冰芯，
推測發生太陽閃焰的規模

雖然卡林頓事件屬於太空氣象分級中最嚴重的情況，然而我們知道在更久遠之前的古代，地球其實遭遇過更強烈的太陽閃焰。

由太陽高能粒子造成的地面級事件，只會出現在巨型太陽閃焰發生期間，並造成地球大氣中化學成分的輕微改變，其原理是當高能粒子撞擊大氣中的空氣分子時，氣體當中的原子會從一種元素變為另一種元素。

以氮原子為例，其原子核的組成為 7 個質子與 7 個中子，當遭受太陽高能粒子的撞擊後，就可能導致原子核的組成變為 6 個質子與 8 個中子，這個過程會釋放出氫原子，並使氮元素變成碳元素。

地球大氣中約有 78％為氮氣，至於受到撞擊而形成的碳元素，卻與地球多數的碳不同。多數碳元素的原子核中有 6 個質子與 6 個中子，稱為碳 -12，而有 6 個質子與 8 個中子的碳則稱為碳 -14（質子與中子數量的總和）。碳 -14 與其他中子多於質子的元素一樣具有放射性，並會隨著時間逐漸衰變而變回普通的氮原子。

科學家通常會以「半衰期」來表示放射性物質的衰變時間，碳 -14 的半衰期為 5,730 年，這意味著當一群碳 -14 形成後，這一群固定數量的碳 -14，在 5,730 年之後會有一半變回普通的氮，經歷第二個 5,730 年之後，碳 -14 會再減半而僅存四分之一。

簡言之，碳 -14 的數量大約每 5,730 年就會減少一半，直到衰

變殆盡。雖然碳 -14 的原子核具有更多的中子，但是與其他大氣中的碳 -12 有著幾乎一樣的化學性質，因此就如同一般的碳，它若成為二氧化碳，就會被植物吸收或成為樹木的一部分，也可以進入雨水或參與其他生物與化學的作用。

當碳 -14 成為化學或生物的一部分而變成固體時（例如儲存在樹木或極區的雪中），由於形成固體之後就不會再吸收新的碳 -14，而此部分會逐漸衰變，恢復成氮，因此透過大氣中碳 -14 的濃度和固體中碳 -14 與碳 -12 的比例，就會反應該物體存在的時間，這種測年方法稱為「碳定年」（carbon dating）。

碳定年可以測定出植物製品的年代，有利於研究古代的木製物品，這種測定方式的時間上限大約是五萬年。

圖表 2-40　隨著樹齡增長，夏季和冬季不同的生長速度交替而形成的年輪。

隨著樹齡的增長，樹幹也會逐漸生長而擴張，生長的時間主要集中在夏季，冬季則幾乎停止，於是在每年經歷生長季節與停滯季節的交替，樹幹就會在橫截面上產生年輪（見左頁圖表 2-40）。

每一圈年輪都代表樹木經歷了一年，因此測量每一圈年輪當中的碳 -14 比例，就可以得出大氣中碳 -14 在過去某一段時間當中，每年的濃度變化。

由於大氣產生碳 -14 的速率相當穩定，因此濃度升高的情況一定來自於外部的因素，其中一項就是遭遇大型的太陽閃焰。

類似的概念也會應用在鑽取極地的冰芯，由於極地可以保存幾千年前的雪而不會融化（譯註：會逐漸擠壓而變成冰層），就如同

圖表 2-41　位於格陵蘭北極圈中所鑽取的冰芯樣本。

樹木的年輪，冰芯可以揭露過去的某一段時間中，大氣中的化學成分，來自越深處的冰芯代表越古老的時代（見上頁圖表 2-41）。

科學家們在過去數十年間，透過對年輪與冰芯的分析，發現古代曾經發生過的太陽高能粒子增強事件，其強度超越近代人類所觀測到的所有事件。這些古代的增強事件確信是來自於大型的太陽閃焰，甚至還有小部分出現在 1,000 年前到 10,000 年前之間。

相較於現代科學儀器對於太陽閃焰最的大觀測紀錄，這些發生在古代的大型太陽閃焰，其範圍至少是 10 倍以上，甚至超越引發卡林頓事件的太陽閃焰。

為了預防自然災害帶來的衝擊，政府、人民與科學家們需要考量這些事件發生的機率，從現實面探討應當投入多少資金。

對 200 年一遇的災害投入一筆資金，是否能類比證明，應當花費 10 倍的資金來籌畫面對 2,000 年一遇的災害呢？這是一件合理的事情嗎？

顯然這個問題沒有標準答案，但是政府與提供相關資金預算的人，必須深入評估。

獵戶座的參宿四已來到生命盡頭

磁重聯是形成太陽閃焰與地球極光的基本過程，也是物理學中的一個基本原理，會發生於電漿存在的區域，其中包括恆星、行星、星雲甚至是黑洞。

在研究太陽的過程中，太陽就如同我們的電漿實驗室，讓科學家得以將觀察太陽的經驗應用在其他恆星，甚至是宇宙中其他具有電漿的環境。

即使透過人類目前技術最先進的望遠鏡，許多遙遠天體成像在感光元件上，僅僅只是一個光點，無法解析出任何細節（需

圖表 2-42　歐洲南天天文臺（ESO）所拍攝的心宿二影像，這是太陽以外其他恆星，最高解析度的影像。

要更多像素才能分辨細節），然而我們卻可以獲得高像素的太陽影像，並在一分鐘內拍攝很多幀來觀測變化（**譯註：拍攝遙遠的天體時，往往需更長的曝光時間，才能獲得一張影像**），我們可以從太陽上學到很多事物。

以下是最近在其他天文學領域中，受到太陽物理學啟發與影響的例子：

參宿四（Betelgeuse）是一顆超紅巨星，也是夜空中相當明亮的恆星，它位於獵戶座的左上角（在星座形象上的肩膀位置），不過也請你注意，所謂星座的「左上角」可能不是天空的左上方，在地球上不同觀測位置，相對方位有所不同。

身為一顆超紅巨星的參宿四，儘管年紀只有 1,000 萬年，卻已經來到生命的盡頭，即將成為超新星，預計發生的時間可能是明天，

也可能是在往後的 10 萬年之間。因此人類正在密切觀察參宿四的狀況，試圖尋找恆星臨終之前可能出現的劇烈亮暗變化。

雖然參宿四的亮度一直都有自然的起伏，但是在 2019 年的秋天，它的亮度忽然降至觀測史上的最低點，僅剩以往亮度的三分之一，到了 2020 年的 2 月，參宿四在夜空中的亮度排名已經從第 10 名下降到第 25 名（見圖表 2-43）。

天文學家一度為此現象感到困惑，直到理解其中的原因，是參宿四出現 CME，而噴發的角度正好朝向太陽系，因此遮蔽了參宿四的星光，但實際上參宿四的亮度並未改變。

如果我們從未觀測到太陽的 CME，那麼參宿四亮度驟降的現象將成為難解之謎。

對太陽磁場的研究，也有助於我們了解系外行星的適居性。

所謂的「系外行星」是指圍繞太陽以外的恆星公轉的行星，第一顆系外行星發現於 1992 年，截至 2023 年 2 月，天文學家確認的系外行星已經超過 5,307 顆（在你讀到這本書時，數量又更多了）。

圖表 2-43　ESO 甚大望遠鏡觀察 2019 年 1 月～ 12 月期間，參宿四的亮度變化。

　　我們認為銀河系當中每一顆恆星，平均而言都至少會伴隨一顆行星。其中人類最好奇的部分，莫過於能否找到潛在適居的行星。

　　通常判斷是否適居需要檢視兩項條件，其一是行星與母恆星的距離，其二是行星的尺寸，這兩項數據在測量上相對容易。

　　當系外行星與母恆星處於一個合適的距離時，行星表面的溫度就能使水維持在液態，並以此判斷它「適合居住」，因為該行星處於一個不冷不熱（水既不會沸騰也不會結冰）的區域，這個區域也稱為「適居帶」（goldilocks zone，譯註：或譯為「金髮少女區」，典故來自於英國童話《三隻熊的故事》〔*Goldilocks and the Three Bears*〕）。

　　然而，適居帶所考量的條件並不完善，因為沒有考慮到行星的大氣層。**如果從遠處觀察太陽系，會發現位於適居帶的行星是金星，而非我們現在居住的地球**（譯註：適居帶有多種計算方式，作者僅討論最單純的狀況）。

　　最有名的系外行星系為 TRAPPIST-1（見下頁圖表 2-44），由七顆行星緊密圍繞著一顆紅矮星組成，其中有數顆行星位於適居帶中，而紅矮星的壽命更是長達數百億年，這樣的行星系對於生命而言，似乎是一個完美的狀態。

　　可惜根據科學家對太陽的研究，TRAPPIST-1 行星系的恆星活動可能會存在其他問題，由於紅矮星的尺寸很小，該恆星的表面磁場會更為集中（遠勝於太陽表面的磁場強度），這就會導致紅矮星出現更大的恆星黑子、更大的恆星閃焰與更快的 CME ——這對於軌道更接近母恆星的行星來說，是一個壞消息，畢竟在又小又冷的

圖表 2-44　藝術家筆下 TRAPPIST-1 行星系的樣貌（行星大小按比例繪製，其中最大行星的尺寸與地球相當）。

紅矮星行星系中，適居帶也會很靠近恆星。

換言之，儘管 TRAPPIST-1 的某些行星可能有著適合居住的溫度，但是活躍的恆星活動卻會產生大量的恆星輻射，導致生命無法生存。

隨著天文物理學中系外行星的研究越來越熱門，太陽物理學的研究成果，也將應用在研究遙遠的恆星。

當類似於太陽閃焰的現象發生在其他恆星時，我們就稱為恆星閃焰，目前觀測到最大的恆星閃焰來自紅矮星。

這些巨大的閃焰有時稱為「超級恆星閃焰」，它們的威力相較於目前人類觀測到的最大太陽閃焰強上數百到數千倍，即使對比於人類透過年輪或是冰芯，間接推算出的罕見特大型太陽閃焰，超級恆星閃焰還是強大得多。

太陽物理學的三大謎團

過去一個世紀，我們雖然了解許多太陽與它對地球的影響，但是這也僅是太陽所有面貌中的一小部分，這顆最近的恆星還有更多未解的謎團。

在世界各地的研究機構中，太陽物理學家們正不斷推進人類對太陽的了解，每天也都有新的進展，藉由觀測數據、電腦模擬與數學理論來預測太陽的行為，科學家正試圖揭開更多的真相。

在太陽物理學中，新工具的出現往往能帶來重大的突破，它可能是一種新形態的望遠鏡，能以特殊的方式，或是比以往更高的解析度來觀測太陽；它也可能是新的理論模型，藉由電腦模擬，且隨著電腦運算效能的提升，這些模型與模擬的結果也會不斷進步。

雖然還有一長串懸而未決的問題，本書還是可以將其歸納成三項主要的難題（儘管有些科學家不會全然同意以下列舉的問題）：

1. 日冕為何擁有超高的溫度？

雖然太陽的核心能藉由氫核融合氦而獲得能量，使得溫度高達 1,500 萬℃，但是太陽表面的光球層溫度卻相對很低，只有 5,500℃。然而奇怪的是，更外圍的日冕卻又具有超高的 100 萬℃，光球層與日冕的溫度差異被稱為「日冕加熱問題」，是太陽物理學中一項重大的謎團。

有些理論與假說，正試圖解釋將日冕加熱到如此高溫的機制，但是都尚未從觀測中獲得證實。其中兩項主要的理論，認為日冕加

熱的過程是來自於極微閃焰或是波加熱。

依據極微閃焰的假說，太陽的大氣中有許多非常微小的太陽閃焰，但是尺寸太小而無法觀測，雖然每個極微閃焰產生的能量很小，但在龐大的數量總和下，總能量就足以加熱日冕到超高的溫度；而波加熱的假說則提到，波會在日冕的磁場當中傳遞，藉由振動加熱周圍的電漿。

以上兩種假說在理論上都能實現（並且各自都可以產生影響），只是目前都還未透過觀測獲得證實。

2. 為何會出現噴發事件？

本書在前面的章節詳細的討論過太陽的噴發事件，以及它們是如何成為影響地球的太空氣象，例如太陽閃焰與 CME。

雖然我們已經能理解這些現象所造成的影響，但對於太陽上引起噴發的確切過程與機制，目前科學界還尚未完全了解。如果能了解太陽閃焰或是日冕巨量噴發的原因，將有助於對它們的預測，而這是目前正在研究的重要領域。

3. 太陽發電機（dynamo，或稱為「磁潮」）從何而來？

太陽磁場是造成太陽大氣變化的主要原因，而磁場則是來源於太陽發電機。然而太陽發電機究竟如何運作？它為何會形成？目前的研究還沒有清楚的答案。

此外，太陽發電機為何會隨時間變化？為什麼這些變化會形成11 年的週期，甚至是更長時間的循環（例如出現蒙德極小期）？這

些問題依然未解。與其他太陽物理學中難題一樣，我們有許多可能的理論解釋，但是沒有一項取得明確的證據。

現今最大望遠鏡，
主鏡比一層樓還高！

現在正是成為太陽物理學家的好時機，因為我們已經開發出各式各樣的觀測儀器，包括地面上的天文臺、在太空軌道上繞行地球的衛星望遠鏡、以及深入太陽系其他角落的探測船。

我們正處於一個「太陽物理學的黃金時代」，在本章節中將會介紹三項行之有年、依然提供太空氣象預報與太陽物理學研究的任務，以及三個用於研究尖端太陽科學的新項目。

太陽和太陽圈觀測器

（Solar and Heliospheric Observatory，SOHO）：

SOHO 是觀測太陽最重要的設施，由 NASA 與歐洲太空總署共同建造，並於 1995 年發射升空。該項任務原先預計的運作時間只有 3 年，但是直到今天它仍然在服役中，協助人類觀察太陽的大氣層。

SOHO 所在的位置距離地球大約 150 萬公里，是地球到太陽距離的 1％。SOHO 的建造是一項雄心勃勃的計畫，因此 SOHO 上搭載許多不同功能的儀器，例如為 SOHO 取得多項成果的廣角光譜日冕儀（Large Angle and Spectrometric Coronagraph， LASCO）（見下頁圖表 2-45）。

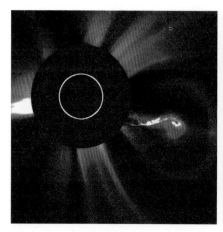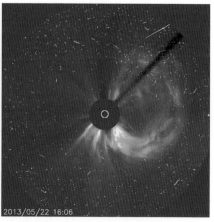

圖表 2-45　兩張圖均為 SOHO 廣角光譜日冕儀所觀測到的日冕巨量噴發。

　　日冕儀的構造是在望遠鏡的中心放置一個小圓盤，藉此來遮擋太陽面的光線干擾，如此一來 LASCO 就能觀測到更多的日冕細節。

　　LASCO 具有兩架不同尺寸的相機（LASCO C2 與 C3），能完美的觀測日冕巨量噴發後，噴發物質遠離太陽表面的過程。

日地關係探測器（或稱為「日地關係天文臺」，
Solar Terrestrial Relations Observatory，STEREO）：

　　STEREO 是 NASA 於 2006 年發射的一對衛星望遠鏡，它們起初位於靠近地球的衛星軌道上，但由於其中一架 STEREO-A 探測器的運行方向逐漸領先地球公轉，另一架 STEREO-B 則逐漸落後，因此都會離地球越來越遠，而彼此之間就在地球公轉軌道上形成越來越大的角度，並得以在不同的位置上同時觀測太陽的立體樣貌。

　　到了 2014 年時，兩架探測器已經遠離地球將近 180°，即將運行到太陽的正後方。可惜 NASA 在失去與 STEREO-B 之間的聯繫後，

至今都未能恢復通訊。

　　至於 STEREO-A 則是持續在運作當中，它已經在地球公轉的軌
道上飛行了很遠的距離，目前又幾乎要回到地球的身邊。圖表 2-46
為 STEREO-A 與 B 同步觀測的結果，並可以藉由圖像判斷兩架探測
器與太陽的相對位置。

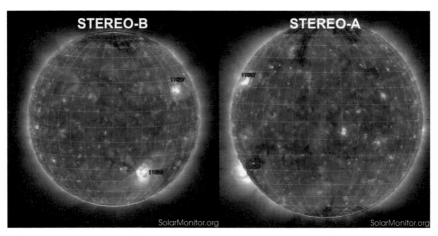

圖表 2-46　日地關係探測器 STEREO-A、B 同時觀測太陽的影像。

太陽動力學探測器（或稱「太陽動力學天文臺」，
Solar Dynamics Observatory，SDO）：

　　這架 NASA 的太陽探測器於 2010 年發射升空後，便徹底改變
了太陽物理學的研究與太空氣象的預報。

　　SDO 上搭載了三臺儀器，包括大氣成像組件（Atmospheric
Imaging Assembly，AIA）、日震與磁成像儀（Helioseismic and Magnetic
Imager，HMI），這兩項儀器所拍攝的照片已經出現在本書中，其中

一張還成為了封面。

HMI 透過測量光球層的磁場，使我們得以研究太陽表面的磁場變化與日震（相當於太陽上的「地震」）；AIA 藉由配備 10 種濾鏡，可以觀測許多不同波長下的太陽面貌，而每種濾鏡都只允許極小範圍內的波長通過。由於不同的溫度會形成不同的離子，也會發出不同波長的光，因此選擇對應的濾鏡，就可以獲取該離子的發射譜線所形成的影像（見圖表 2-47）。

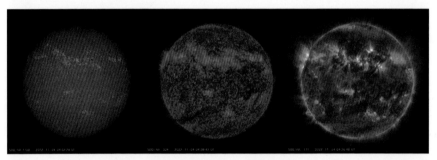

圖表 2-47　由左至右依序為 SDO 同時拍攝的光球層上層、色球層上層和日冕的影像。

將 AIA 中不同的影像結合在一起，就可以觀察出太陽表面不同溫度的電漿分布，從而看出在太陽大氣層當中，不同溫度的電漿在同一時間下的樣貌。

我們將會在下一章提供更多的討論，以及介紹如何在家中取得 AIA 拍攝的影像。

太陽軌道載具（Solar Orbiter）：

這架歐洲太空總署的衛星，在 2020 年 2 月發射升空後，就開始了繞行太陽的長途旅程（見右頁圖表 2-48）。

圖表 2-48　2020 年，在佛羅里達州卡納維拉角發射升空的太陽軌道載具。

這顆衛星上搭載許多儀器，其中一部分的任務是觀察太陽，而另一部分則是測量該衛星周圍的太陽風狀態。

太陽軌道載具，顧名思義就是繞行太陽公轉的衛星，藉由金星重力的輔助而在橢圓的軌道上運行，這也意味著它與太陽的距離會持續的變化。當它在最接近太陽的位置（稱為近日點）觀測太陽時，與太陽相距不到 4,500 萬公里，這比地球到太陽的距離少了 71%。

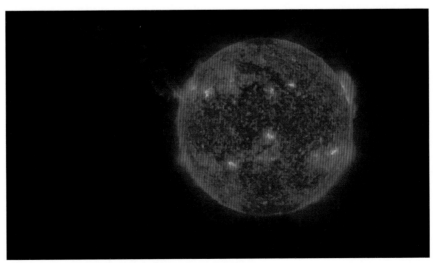

圖表 2-49　由太陽軌道載具觀測的大型噴發現象。

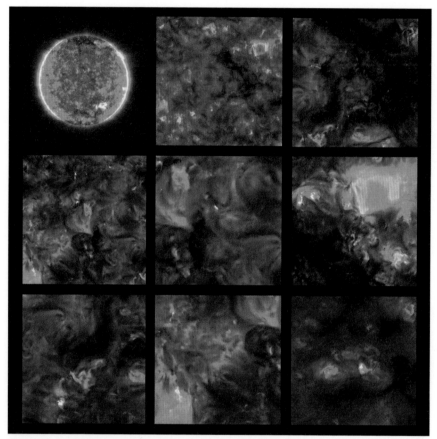

圖表 2-50　暱稱為營火（campfires）的微小增亮現象。

　　太陽軌道載具的第一次近日點發生在 2022 年的 10 月，而在接下來的 10 年當中，它還會經過兩次。對於太陽軌道載具而言，在近日點觀測太陽就可以獲得太陽光球層與日冕的高解析度影像（見上頁圖表 2-49 和圖表 2-50）。

　　此外，這顆衛星也會偏移出地球運行太陽的黃道面，這將是我們第一次獲得面向太陽極區的影像。

派克太陽探測器（Parker Solar Probe）：

派克太陽探測器於 2018 年升空，任務目標是盡可能靠近太陽並測量該處的太陽風。

與太陽軌道載具不同，派克太陽探測器上並未搭載觀測太陽的相機，因此可以更接近太陽，並測量周圍的磁場與電漿數值。

當 2024 年與 2025 年派克太陽探測器最接近太陽時，比地球到太陽的距離少了 95.4％，也就是說在飛掠太陽時的距離，只有不到 5 個太陽的直徑，其接近太陽的程度遠勝於太陽軌道載具。

井上建太陽望遠鏡（Inouye Solar Telescope）：

美國國家科學基金會的井上建太陽望遠鏡，是本章節所介紹的 6 項任務項目中，唯一不在太空中的天文望遠鏡，它坐落在夏威夷茂宜島（Maui）的哈萊亞卡拉火山（Haleakalā）山頂上。

由於受地球大氣層的影響，某些波長的太陽光線無法抵達地面，也會使得通過的光線受到扭曲與晃動的干擾，因此發射到太空當中的衛星望遠鏡就可以避免上述的問題，甚至不受日夜交替的影響，具有更長的觀測時間。

然而運載火箭的空間相當有限，限制了衛星望遠鏡的重量與尺寸。地面的望遠鏡則不受限制，可以建造得更為巨大。

井上建太陽望遠鏡的主鏡（主要的物鏡）直徑為 4 公尺，是目前最大的太陽望遠鏡，先前保持這項紀錄的是瑞典的太陽望遠鏡，其主鏡直徑為 1.5 公尺，位於加納利群島（Canary Islands）的拉帕爾馬島（La Palma）上。

圖表 2-51　位於夏威夷茂宜島哈萊亞卡拉火山山頂上的井上建太陽望遠鏡。

　　大型的太陽望遠鏡需要安置在空氣稀薄的高山或是火山上，例如加納利群島、智利的阿塔卡瑪沙漠（Atacama Desert）或是夏威夷（見圖表 2-51）等地。

　　井上建太陽望遠鏡於 2022 年正式投入科學研究，獲得光球層與色球層前所未有的超高解析度影像，能夠解析太陽表面上小至 20 公里的特徵。

　　這架望遠鏡還能以極高的精確度測量太陽的速度與磁場，右頁圖表 2-52 即是井上建太陽望遠鏡釋出的觀測結果，這是該望遠鏡發布的第一個太陽黑子影像。

　　太陽軌道載具、派克太陽探測器與井上建太陽望遠鏡，目前都尚未完成主要的任務，因此可以預期在未來的幾年中，看到這些任

務的成果報導。

以上所舉出的例子，只是人類所有觀測太陽儀器的一小部分。

本書在介紹太陽時所使用的圖片，大多數是太陽的紫外線、紅外線或是可見光影像，這些不同波長的觀測不僅能提供影像，還能藉此分析太陽光譜，以獲得有關電漿溫度、速度與磁場等資訊。

對大眾來說，科學數據的列表或許顯得較為乏味，但精美的圖片則會讓大家樂於欣賞。

由於許多其他天文臺的研究，主要是測量太陽的伽馬射線、X光、微波和無線電波，因此不易提供容易解釋的太陽影像，這也是本書未能展現相關圖片的原因。

其他由日本、中國、印度等團隊主持的太陽研究任務，也將在未來 10 年內陸續升空。

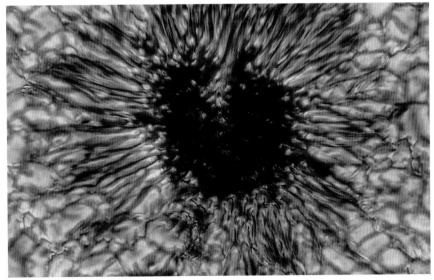

圖表 2-52　井上建太陽望遠鏡觀測太陽黑子的首張影像。

第 3 章

近看太陽

取之於公眾的經費，成果應當開放給公眾，因此這些太空
任務所獲取的影像與數值，所有人都能使用。

　　我們將在本章節中討論如何觀測太陽，並介紹在家門外安全觀察太陽的方式，以及如何找到太空望遠鏡的資料。同時也提供一些關於日食的初步資訊，而第 5 章則會有更深入的介紹。

　　太陽的 11 年週期會影響我們對太陽的觀測。在太陽活動極大期的期間，將頻繁出現太陽黑子、太陽閃焰與 CME；而到了太陽活動的極小期，這些現象可能會有長達數個月的沉寂時間。

　　第 24 個太陽週期於 2019 年 12 月結束，取而代之的是第 25 個太陽週期。

　　相較於以往的太陽週期，第 24 個太陽週期有較低的活動峰值，太陽黑子與太陽閃焰都比較少，在本書撰寫的當下，我們正處於第 25 個週期的上升階段，此時我們尚不清楚本次週期的活動峰值將有多大，以及何時會迎來高峰。

　　有些科學家預測第 25 個太陽週期的峰值，將低於第 24 個太陽週期，但是也有科學家預測本次會更接近第 22 個與第 23 個週期的峰值。

　　在你閱讀本書的當下，我們可能已經身處在第 25 個週期的峰值階段，而對於觀察太陽活動來說，了解太陽週期的峰值時間就相當重要，畢竟如果你購置相關的設備後，適逢極小期卻想要觀察太陽黑子，那麼就很可能以失望收場。

　　在本次的太陽週期中，2023 年 ～ 2028 年間太陽將可能會出現大量黑子。然而，如果你閱讀本書時已經是 2028 年之後，那麼正朝向極小期發展而將銜接到下一個週期的太陽，就會顯得平淡而缺乏觀測的樂趣。

在 2020 年代末或 2030 年代初期，第 25 個太陽週期將會結束並迎來第 26 個太陽週期，由於還未能確定第 25 個太陽週期的高峰時間，因此結束的時間也只能粗略估計。

無論如何，在你出門或到樓頂觀察太陽之前，最好的方法就是先上相關網站，看看現在的太陽是否正出現值得觀察的現象。（譯註：本書翻譯時，正逢 2024 年 5 月的太陽風暴，太陽表面出現巨大的黑子群與形成朝地球襲來的 CME，此次事件引起地磁暴而產生的極光，延伸到相當低緯度的地區。）

安全提醒

請記住，除了以下這個特殊狀況外，你永遠都不應該直視太陽。

用肉眼直接凝視太陽，可能會造成許多的影響，例如對色彩感覺的改變、出現盲點以及視覺上的變形，這種通常是暫時性的影響，在視線移開到較暗的地方後，你的視力就會恢復正常，若是症狀持續一天以上，請儘速就醫。

唯一可以安全直視太陽的情況，是當日全食發生時，太陽「完全」被月球遮住的全食階段，至於在這之前與之後的偏食階段，也不可直接觀看太陽。

由於全食階段只會持續幾分鐘的時間，這種能完全直視太陽的條件十分罕見，而接下來要詳細討論的日全食發生原理，更會說明日食不常發生，而能見到全食的地理區域更是有限。

如果你不確定當下的情況是否符合肉眼觀測的條件，那麼很可能就是不符合，因此在這種情況下，請容我再次重申──不要直視太陽。

無風、乾燥、接近正午最適合

如果地球沒有大氣層，人類將無法生存，不僅僅是因為它能保持地表的溫暖，並且提供我們呼吸的空氣，大氣層更能阻擋來自太空當中有害的光線。

其中高能量的光具有較短的波長，例如部分紫外線、X 光與伽馬射線都是一種游離輻射（ionizing radiation），會損害生物細胞中的 DNA，導致癌症的發生或是其他突變。

所幸對我們而言，太空的有害輻射無法抵達地面，因為它們會被平流層以及更上方（大約海拔 20 公里以上的高度）的大氣吸收，平流層中最有名的就是臭氧層（ozone layer）。

所謂的「臭氧」其實是一種特殊型態的氧分子，臭氧層因較高的臭氧濃度而得名，它能有效吸收有害的紫外線。

總之，地球的大氣層阻擋來自太空的伽馬射線、X 光和大多數紫外線到達地面，而光譜當中波長較長而危害較小的一部分紅外線、微波，也會遭受大氣的阻擋，因此只有可見光、近紫外線、近紅外線、波長較長的微波與無線電波（譯註：波長更長的無線電波也會受到阻擋），才能穿過大氣層抵達地面。

　　可見光得以穿越大氣層，而我們的眼睛又只能看到可見光，這個看似巧合的結果，實際上是我們與生物在漫長的演化過程中，專門為了感測可見光而形成的視覺系統。

　　然而，對於生命有利的屏障，卻阻礙了天文學上的觀測。

　　本書展示許多絢麗的日冕圖片，其影像都是來自於太陽的紫外線———一種因為波長而無法穿透我們上方大氣層的光線。

　　太陽的 X 光與紫外光的觀測資料，是了解太陽大氣層中高能量事件不可或缺的部分，因此我們必須將望遠鏡送到大氣層以外的太空空間。

　　其實 X 光與紫外線的觀測不僅限於太陽，在其他天文學領域的研究中也相當重要。

　　而在地表上，我們只能以不受大氣層阻擋的光波來觀察太陽，分別透過各種對可見光、紅外線、微波與無線電敏感的望遠鏡來進行觀測。

　　人眼所能感測光的波長只在光學（optical light，**譯註：可見光也稱為光學，相對於紅外線望遠鏡、無線電望遠鏡等，光學望遠鏡便是指可見光望遠鏡**）的紅色至藍色範圍中，因此你在自家門口所能期待看到的太陽，也僅限於可見光波長範圍下的太陽面貌，雖然你可以觀察到太陽的光球層與色球層，但是無法看到日冕（再次強調，除非是在日全食期間，否則請勿直視太陽）。

　　為了欣賞美妙的日冕，你就必須利用太空望遠鏡開放的觀測資料庫，只要簡單的步驟就可以獲得當中的圖片，我們接下來將會介紹取用這些資源的方法。

即使是觀測可見光波段的太陽，大氣層依然會帶來別的困擾，無論是否有雲，大氣層其實一直處於動態之中。

我們頭頂上的空氣正不斷翻攪與產生對流，使得太陽或其他恆星的光線必須通過這片晃動的區域，才能被我們觀測到。

在天文觀測中，會使用「視寧度」（seeing，**或譯為：大氣寧靜度、明晰度**）一詞，來說明陽光或其他星光受大氣影響而造成模糊閃爍的程度。

從原理上來說，陽光或星光所經過的空氣越多，或是空氣中的擾流越強烈，視寧度就會越差，因此專業的天文臺的選址，都會傾向於空氣稀薄而乾燥的地區，以獲取最佳的觀測效果。

當你在自家門外觀察太陽時也可以留意這一點，相較於接近正午在你頭頂附近的太陽，如果現在的時間是清晨或傍晚，太陽位置較低，陽光就必須穿越更多的大氣（**譯註：就如同直接、橫切與斜切黃瓜一樣，斜切面的長度會更長**），而大風與潮濕的天氣也會干擾觀測，因此在**無風、乾燥、接近正午的時間，太陽與你之間將有最好的視寧度**。

如果你使用太陽望遠鏡或是其他觀測設備，想在自家附近觀察太陽，那麼太陽的清晰度，以及你期望觀察太陽某些特徵的尺寸與形狀，將明顯取決於視寧度的好壞。

為避免大氣層的干擾而將望遠鏡發射到太空中，能獲得兩項主要的觀測優勢：可接收並觀測更多的波段，以及獲得更強烈的訊號。

然而地面望遠鏡也有不同的優勢，比起相同尺寸的衛星望遠鏡，地面望遠鏡的建造成本就更為低廉，或是在相同經費下可以建

造得更大，並且在營運過程中的維護、修改與升級也相當方便。

　　不過別擔心，不是只有最先進的地面天文臺，才能讓你觀測到太陽上有趣的特徵。

自備日食眼鏡

　　安全觀測太陽最簡單的方式，就是戴上日食眼鏡，但是戴上後就幾乎看不見其他的景色了。

　　日食眼鏡的框架通常由紙板製成，形狀與普通眼鏡相同，只是在普通眼鏡鏡片的位置上，放置特殊的濾光片。有些日食眼鏡不會作成熟知的眼鏡形狀，而是一片方形紙板，中央的位置有一片濾光片（見圖表 3-1）。

　　這些濾光片是以黑色的聚合物，或是銀色的聚酯膠膜所製成，藉此隔絕 99.9999％的光線。相較之下，我們日常使用的太陽眼鏡只能阻隔約 20％的光線，因此切勿透過普通的太陽眼鏡來觀測太陽。

圖表 3-1　日食眼鏡是觀察太陽最簡單的方式。

　　由於日食眼鏡只允許極少量的光線通過，因此這些濾光片會賦予太陽不同的顏色，通常透過黑色聚合物製成的濾光片，會看到橘色的太陽；而透過銀色聚酯膠膜的濾光片，則會呈現藍白色。雖然日食眼鏡顧名思義是觀看日食的專屬配件，然而其使用的時機，卻是太陽表面還未被月球完全遮住的階段，例如在偏食階段（**譯註：環食階段也需要使用日食眼鏡**）下，就必須透過日食眼鏡才能看到這場天文秀。

　　一旦太陽被月球完全遮擋住，進入全食階段，就不需要使用日食眼鏡，但是全食階段只會發生在地面上的小區域內，並且僅持續幾分鐘的時間。

　　日食眼鏡也可以用於太陽黑子的觀察，然而只有巨型的太陽黑子才能直接透過日食眼鏡看到，而小型的太陽黑子，就必須透過其他能將其放大的方式才能看見。

　　由於價格便宜且容易使用，觀察太陽最佳的入門設備就是日食眼鏡。

　　選購日食眼鏡時，請選擇通過相關驗證的廠商，正規的日食眼鏡或是太陽濾鏡因為有安全需求，必須符合 ISO 12312-2 的國際標準，但是有些網路商家並未獲得標準認證。如果你有購買疑慮，可以在美國天文學會的網站上，找到信譽優良的廠商資訊（詳見第196頁）。

圖表 3-2　1914 年時，人們手持太陽濾光片觀看日食。

動手 DIY，長時間觀測的訣竅

如果你已經有普通的（夜空）望遠鏡，則可以像伽利略，直接做成太陽投影儀。

只要你不直接透過目鏡觀測太陽，投影是一種絕對安全的方式。如果你的望遠鏡口徑不足 8 公分，那麼將其直接對準太陽，幾乎不會造成內部結構的損傷（望遠鏡可以直接面對太陽光，但是你的眼睛不行），若是較大口徑的望遠鏡，或是施密特－卡塞格林（Schmidt-Cassegrain）式的望遠鏡，請使用可以減光的濾鏡阻擋一部分光線，以免陽光的熱量損壞望遠鏡零件之間的黏合劑。此外，

以這種方式使用望遠鏡時，請務必蓋上尋星鏡的鏡蓋。

在將望遠鏡設置成太陽投影儀的時候，請配合使用低倍率的目鏡（透鏡之間通常不會膠合），並且在目鏡後方 20 公分 ～ 60 公分的位置放置一張白卡。

當望遠鏡對準太陽後，可以在白卡上看到太陽的投影，如果影像不清晰，則可以調整焦距與白卡的位置，直到太陽的影像聚焦在白卡的平面上，而目鏡與白卡的距離則取決於望遠鏡的焦距。

如果你想要讓投影的太陽影像有更高的對比度，就必須遮擋住四周影響白卡的光線。如果你發揮一點手工創意，為投影的白卡製作一個臨時支架，就可以長時間欣賞太陽的投影影像。

圖表 3-3　觀看日偏食可用投影的方式。

有些專為觀察太陽而製作的投影儀，其實也是依據相同的原理，主要差別在於配備專屬的目鏡，例如 Sun Spotters 這間公司就有生產太陽投影儀。然而比起額外購置專屬的投影儀，簡單改裝自己的夜空望遠鏡將省下不少的費用。

在投影板上的太陽會呈現白光的樣貌，由於都是可見光，因此將會看到與日食眼鏡中相同的太陽，兩著的差別在於投影的方式會將影像放大，於是太陽光球層上的黑子就變得清晰可見。

這種透過一般望遠鏡投影出太陽影像的方式，也是伽利略、卡林頓及許多歷史上的觀測者所使用的方法。與可以直接透過目鏡觀察太陽的特殊望遠鏡相比，太陽投影法的優點在於可以多人同時欣賞，而透過目鏡直接觀察只能輪流觀看。

為你的望遠鏡加上濾光片

為了更好的在自家院子中觀測太陽，你需要使用太陽望遠鏡，藉由加裝特定濾鏡到夜空望遠鏡上，就能成為太陽望遠鏡，或是直接選購觀測太陽專用的望遠鏡。如果你選擇前者，請確定是從值得信賴的管道購得。美國天文學會的網站上有公布通過驗證的廠商清單，請參閱本書結尾提供的資源清單。

加裝在夜間望遠鏡上的濾鏡，是一種所有可見光（白光）的減光鏡，可以藉此觀察太陽的光球層，至於觀測太陽專用的望遠鏡，則有兩種主要的類型：

白光望遠鏡:

　　白光太陽望遠鏡的運作原理,與一般望遠鏡加上白光減光濾鏡的方式相同。

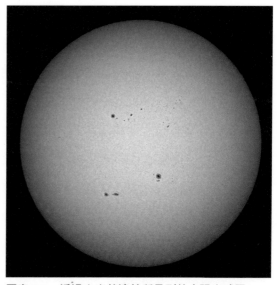

圖表 3-4　透過白光望遠鏡所見到的太陽光球層。

　　無論是何種波長,這種望遠鏡都能同時降低進入望遠鏡的光線亮度,因此你將會看到太陽的白光樣貌,而這個樣貌則是來自於有著太陽黑子與一些表面結構的光球層。白光太陽望遠鏡是價格最低廉的太陽望遠鏡。

H-α 望遠鏡:

　　第二種望遠鏡是一種觀測特定譜線的望遠鏡,當陽光進入這種望遠鏡時,當中安裝的濾鏡只允許波長在極窄範圍內的光線通過。而這個範圍中,有一個特定波長的強烈發射譜線,是專屬於特定電子受到激發後恢復時所產生的光。

　　不同元素的激發狀態,會出現在太陽不同的區域中,因此觀測不同的譜線,通常就代表看到太陽光球層外不同高度的狀況。其中在觀測上最有效果的當屬 H-α（Hydrogen alpha,**或簡稱 H-alpha**）的發射譜線,它的波長為 656.3nm,在人眼的視覺中呈現紅色。

　　H-α 生成於色球層上，位於光球層與日冕層之間。雖然發射光譜具有特定波長，但是來自太陽的 H-α 光波波長，卻會分布在一個範圍當中，這是因為在太陽上產生 H-α 的位置，相對於地球會有不同程度移動速度（通常是在太陽的邊緣），因而產生紅移（red-shift）或是藍移，因此大多數的 H-α 濾鏡具有「調諧」（tuning）的功能，能微調通過的光波波長範圍。

　　在調整濾鏡的過程中，將會看到來自太陽不同區域的 H-α 光。色球層中的電漿會出現許多有趣的特徵，包括太陽黑子、絲狀體（filament，**或稱：色球暗條**）與日珥（prominence）（見下頁圖表 3-5），接下來的章節會介紹這些特徵。

　　如果足夠幸運，你甚至可以在觀測 H-α 時，看到閃焰亮條或是閃焰環形式的太陽閃焰，相較於白光只能看到最大型態的閃焰，H-α 譜線能更容易展現許多細節。

　　在可見光的窄波觀測中，除了 H-α 之外還有 CaK 譜線，來自於色球層當中的鈣元素，它比 H-α 更微弱、難以直接看清，但是透過攝影就能呈現出清楚的面貌。

利用日常生活中的相機原理

　　接下來要介紹觀測太陽最簡單的方法，但僅能用於觀察日偏食。

　　如果你沒有準備日食眼鏡或是太陽投影儀，也請不用擔心，只要讓陽光透過小孔洞就能投射出太陽（光源）的形狀。通常只要在

紙張上打出一個小洞，讓光線穿過孔洞後投影在一個平坦的表面上
即可。在偏食期間，透過這種方式就能看到太陽被遮住後的形狀。
方法非常簡單，甚至也不需要特別去製作，使用廚房中的篩子或是
透過樹葉的縫隙，都可以達成相似的效果（見右頁圖表 3-6）。

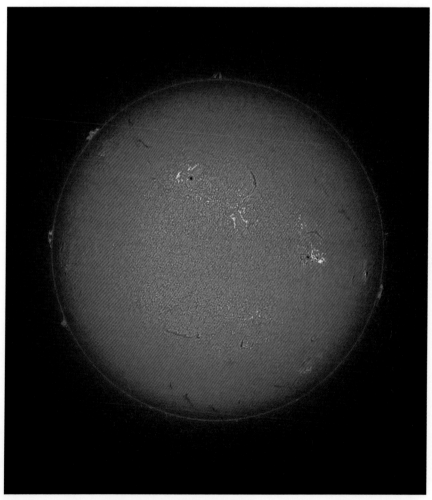

圖表 3-5　透過 H-α 望遠鏡所見到的太陽色球層。

在家就能下載太空資料

　　自從 2010 年 NASA 的太陽動力學探測器（SDO）發射後，它每分鐘內都會以 10 種不同波長的濾鏡分別拍攝太陽數次，並將獲得的 4K 解析度影像傳回地球，至今幾乎未曾間斷過。

　　SDO 上所搭載的大氣成像組件（AIA），能觀察太陽光中不同波長的影像，而不同波長的陽光則會反映出太陽不同分層的狀態。

　　下頁圖表 3-7 整理出 AIA 觀測的 10 種波長，以及對應到太陽的溫度與區域，其中標示濾鏡所對應的光波波長，以埃（angstrom，符號為 Å）為單位，1Å 相當於 0.1nm。

圖表 3-6　樹葉的縫隙就如同針孔相機，能將日偏食的影像投射到地面上。

　　有些濾鏡允許一條以上的發射譜線通過，因此拍攝的影像也會同時反映出多種的溫度。

　　這些影像主要的使用者，是太陽物理學研究員以及太空氣象預報員，然而一般民眾也可以輕鬆取得 SDO 的觀測結果，這是由於SDO 與多數 NASA 的太空任務一樣，經費都來自於納稅人，而美國的政策則認為取之於公眾的經費，成果就應當開放給公眾共享，因此這些科學任務所獲取的影像與數據，所有人使用都可以使用。

AIA 濾鏡	大氣分層	對應敏感溫度
4500Å	光球層	5000° C
1700Å	光球層最冷的位置	5000° C
304Å	色球層、過渡區	50000° C
1600Å	過渡區、光球層外部	100,000° C
171Å	寧靜的日冕、過渡區外部	600,000° C
193Å	日冕、閃焰中的高溫電漿	1,600,000° C ～ 20,000,000° C
211Å	活躍區域的日冕	2,000,000° C
335Å	活躍區域的日冕	2,500,000° C
94Å	日冕中的太陽閃焰	6,300,000° C
131Å	過渡區、日冕中的太陽閃焰	400,0000° C ～ 10,000,000° C

圖表 3-7　太陽成像組件（AIA）在不同波長下能見的太陽區域與對應溫度。

　　至於其他的航太機構，如歐洲太空總署（ESA）與日本宇宙航空研究開發機構（JAXA）也有類似的政策。

　　事實上，多數的太空任務所獲取的資料都不是影像，然而太陽則是一個例外，圖表 3-8 為 AIA 9 個不同通帶（passband）下的影像，雖然你會看到各種鮮豔的色彩，但是這並不是太陽的真實顏色，這是因為拍攝的波段大多屬於紫外線，而人眼本來就無法看見而不會有所謂「真實」的顏色，因此 NASA 只是利用顏色來區分不同濾鏡的影像。

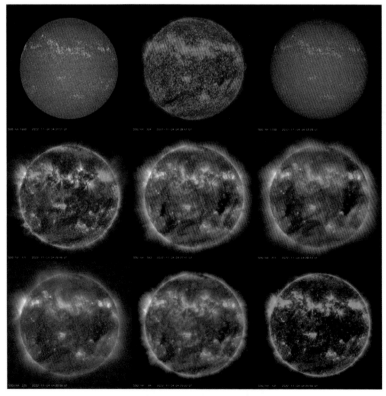

圖表 3-8　SDO/AIA 9 種濾鏡通道下拍攝的太陽影像。

有許多方式可以獲得從太空中觀測的太陽資料，如果特別以 SDO 的資料庫為例子，SDO 的網站中就可以找到很多有用的數據（參閱本書結尾提供的資源附錄），你可以在網站的首頁中看到最即時的太陽影像，也可以按照你的要求，搜尋過去的時間產生相應的照片或是影片。

你也可以到另一個有用的網站：solarmonitor.org 上查看最新的太陽狀態，這裡會提供其他望遠鏡拍攝的影像，雖然這些頁面所能下載的圖片只有 1072p，小於完整的 4K 解析度，但是除非你需要用於科學研究，不然實際上並不需要 4K 的影像。

製作太陽影像與影片的最佳工具是由 ESA 開發的軟體 JHelioViewer，雖然這款程式也有線上的網頁版 HelioViewer，但是功能不如電腦程式的版本來得全面。

右頁圖表 3-9 為實際使用 JHelioViewer 的螢幕截圖，你可以藉由這個程式，選擇幾乎所有太空儀器的觀測影像，將這些影像相互對齊，藉由編輯影像性質，例如顏色、亮度與對比，以此綜合在一起觀看。

JHelioViewer 能夠製作出高品質的影片，提供探索太陽所需要的一切太空觀測結果。

透過 JHelioViewer 與其他研究太陽的網站，你甚至還可以查看在自己生日、週年紀念日或其他特殊節日當天的太陽樣貌，也許那天的太陽充滿驚喜，也或許相當平淡！

為此我刻意選擇我婚禮當天的太陽作為本書的封面，這張展現波長 171Å 的太陽影像，剛好記錄到左下角有一塊明亮的區域正爆

發一場 X 級的太陽閃焰。

　　雖然 SDO 在 2010 年開始運作後才有觀測資料，但是其他太空望遠鏡（例如 SOHO 的 EIT 儀器），最早可以提供 1996 年的低解析度影像。

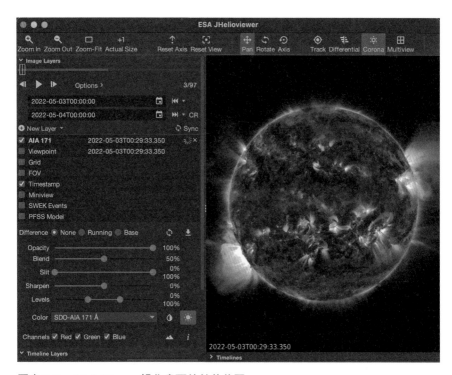

圖表 3-9　JHelioViewer 操作畫面的螢幕截圖。

第4章

簡要指南

在本章中，我們將整理先前介紹過的大量內容，提供一份讓你在觀測太陽時能參考的有趣特徵簡要指南。

光球層

它是什麼？

光球層是太陽結構當中的一個分層，它是太陽的一種「表面」，為太陽大氣層中最穩定區域，也是我們所見到發出陽光的分層。

我能發現什麼？

光球層雖然是最不活躍的分層，但也是最容易在居家門外觀測的太陽表層，在這裡可以看到的特徵有太陽黑子、譜斑（plage）以及周邊減光效應（詳見第 177 頁）。

如何觀看？

白光望遠鏡、太陽投影儀、日食眼鏡。

色球層

它是什麼？

色球層是光球層外的一個分層，在這層中隨著短距離內的高度升高（更遠離太陽），溫度會快速升高、密度驟降。

我能發現什麼？

太陽黑子、閃焰亮條、閃焰環、絲狀體以及日珥。雖然絲狀體與日珥並不在色球層中，但是由於這些結構包含色球層的電漿，因此可以使相同的觀察方式。

如何觀看？

搭載極窄波 H-α 濾鏡的望遠鏡。

日冕

它是什麼？

日冕是太陽大氣層的主要區域，由沿著磁場流動的電漿組成。

我能發現什麼？

活躍區域的環狀結構、太陽閃焰、日冕巨量噴發、冕洞、絲狀體與日珥。

如何觀看？

除非你有非常專業的日冕儀設備，否則無法在家門外看到太陽的日冕，唯一的例外是在日食中全食的階段，你可

以直接以肉眼觀看到日冕。因此你需要到專業的天文臺網站上，尋找極紫外光（EUV）或是日冕儀的觀測影像。

太陽黑子

它是什麼？

太陽黑子是光球層上相對晦暗的區域，由於磁場集中而抑制電漿流動所導致的現象。太陽黑子有中央最暗的本影（umbra）區，以及本影邊緣、稍亮的半影（penumbra）區（見右頁圖表4-1）。

我能在家門外看到什麼？

太陽黑子是太陽表面上最容易觀測到的現象，只要使用太陽望遠鏡（白光或是 H-α）、太陽投影儀就可以觀測，甚至只使用日食眼鏡，也能觀看到較大的太陽黑子。

如何在網路資料庫中找到它們？

由於太陽黑子在光球層與色球層上最明顯，因此例如太陽動力學探測器（SDO）上的大氣成像組件（AIA）中，4500Å、1600Å 或是 1700Å 所拍攝的照片都相當明顯，而日震與磁成像儀（HMI）的磁場強度圖，則可以展示太陽黑子的磁場。

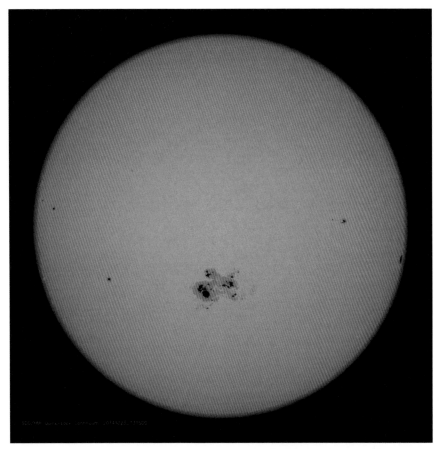

圖表 4-1 大型太陽黑子與斑塊，由 SDO/AIA 4500Å 拍攝。

活躍區域

它是什麼？

在太陽黑子或是譜斑斑塊（plage patches，較亮的斑塊常見於太陽黑子的四周）上方，沿著磁場流動的高溫電漿會

形成活躍區域，這種區域是許多太陽高能活動的源頭，例如隨後會出現的太陽閃焰或是日冕巨量噴發（見圖表 4-2）。

我能在家門外看到什麼？

由於活躍區域存在於日冕當中，因此如同前面所提到觀測日冕的狀況，一般業餘的設備也無法觀測到活躍區域，只能在日全食的期間，或是使用特殊的日冕儀才能看見。

圖表 4-2　活躍區域，由 SDO/AIA 171Å 拍攝。

如何在網路資料庫中找到它們？

在大多數 SDO/AIA 所拍攝的極紫外光影像中，活躍區域會呈現出明亮的特徵，其中以使用 193Å、131Å、171Å、211Å、335Å 和 94Å 濾鏡通道的影像最為明顯。

絲狀體與日珥

它是什麼？

絲狀體是來自色球層緻密電漿的通道，藉由強大的磁場懸浮在日冕當中。絲狀體通常會出現在活躍區域，也會出現在其他尋常區域的上方，並且可能成為爆發的 CME。

事實上絲狀體與日珥是相同的現象，命名的差異來自於在我們視線上，絲狀體的下方是明亮的太陽表面（disk，或稱為盤面）；日珥則是發生於背景是黑色太空的太陽邊緣（limb）（見下頁圖表 4-3）。

我能在家門外看到什麼？

透過極窄波 H-α 濾鏡的觀測，將有機會見到絲狀體與日珥，由於日珥的背景是黑暗的太空，因此更容易觀測。

在太陽邊緣上的日珥具有形狀模糊的特徵，有些底部會與太陽相連，但有些時候卻看不出相連而呈現漂浮的樣貌（見下頁圖表 4-4）；至於太陽面上的絲狀體，則會呈現出

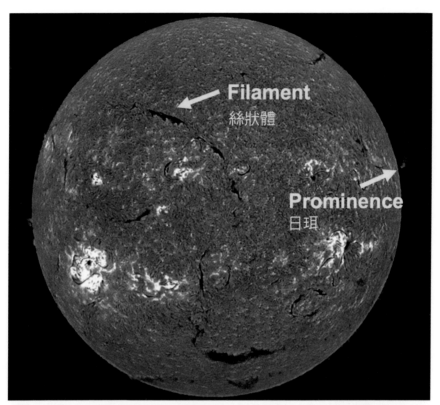

圖表 4-3　H-α 觀測影像中的日珥與絲狀體，由大熊湖太陽天文臺拍攝。

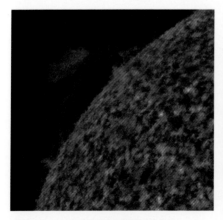

圖表 4-4　位於太陽邊緣的日珥。

圖表 4-5　爆發中的絲狀體。

長條卷鬚的特徵，而亮度也會不同於背景的太陽（見左頁圖表 4-5）。

如何在網路資料庫中找到它們？

在 SDO/AIA 的一些極紫外光影像中，絲狀體的結構會呈現暗沉的樣貌，其中以 304Å 濾鏡通道的影像最為明顯。

然而尋找絲狀體最好的方式，是透過一種稱為全球日震觀測網（Global Oscillation Network Group，GONG）的 H-α 望遠鏡網絡來進行測量。你可以在 solarmonitor.org 這個網站上找到 GONG 最新的 H-α 測量成果。

太陽閃焰

它是什麼？

這是太陽爆發性釋放能量的一種形式，期間會造成太陽大氣中的電漿升溫、粒子受到加速，並且產生大量的光線。閃焰環是一種在日冕當中形成的明亮環狀結構（見下頁圖表 4-6），而它在色球層上的足跡則會成為閃焰亮條。

我能在家門外看到什麼？

需要相當的運氣才能在家門外看見太陽閃焰。由於白光的太陽閃焰極為罕見，因此你需要一架 H-α 天文望遠

鏡，如果你幸運觀測到太陽閃焰，也會同時看到色球層上面的亮條。

即使事先從網路上得知專業天文臺觀測到太陽閃焰，你也還有機會架起自己的 H-α 望遠鏡，來捕捉後續的現象。

如何在網路資料庫中找到它們？

在 SDO/AIA 的觀測影像中，太陽閃焰在 131Å 濾鏡下最為明顯。你也可以從 NOAA 資料庫中的軟性 X 光影像，來尋找太陽閃焰發生的時間，並對應到 AIA 的影像時間，藉此找到相關的觀測結果，網路資料庫也會將發生的太陽閃焰做成列表，以便直接查詢。

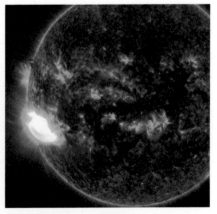

圖表 4-6　兩張圖均為由 SDO/AIA 171Å 濾鏡通道所觀測的太陽閃焰。

日冕巨量噴發（CME）

它是什麼？

日冕巨量噴發是指當大量的電漿從太陽大氣層拋向太空，擴散到太陽系的現象。

我能在家門外看到什麼？

與前面介紹過的其他日冕現象一樣，如果你沒有專業的日冕儀，將無法在家門口外觀測到 CME。但是如果你非常幸運，在日全食的當下適逢太陽發生 CME，就有機會直接以肉眼觀察。

如何在網路資料庫中找到它們？

太陽和太陽圈觀測器（SOHO）所搭載的廣角光譜日冕儀（LASCO）能觀察到最明顯的 CME。LASCO 配備有兩臺日冕儀相機 C2 與 C3，能夠遮擋住太陽面以利於觀察日冕。C2 與 C3 具有不同的視野，能觀測距離太陽較近與稍遠的現象（見下頁圖表 4-7）。

當 CME 通過日冕時，LASCO 可以測量 CME 當中電漿所發出的白光。地表上的日冕儀也可以觀測到 CME，例如茂納羅亞太陽天文臺（Mauna Loa Solar Observatory）的 K-Cor 望遠鏡。除了觀測 CME，日冕儀還可以觀測到日常太陽所發散出來的太陽風。

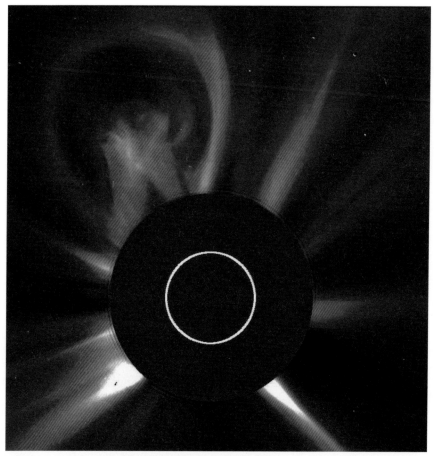

圖表 4-7　SOHO/LASCO-C2 觀測到的日冕巨量噴發。

冕洞

它是什麼？

在太陽大氣層中，磁場遠離而開放的區域即會形成冕洞，並由此產生快速的太陽風。

我能在家門外看到什麼？

冕洞存在於日冕當中，而且必須直視太陽面才能看見，但是我們在上述中提及觀測日冕的方式，是日冕儀與日全食階段，這都必須遮擋住太陽的表面，因此我們將無法觀測這種現象。

如何在網路資料庫中找到它們？

在 SDO/AIA 193Å 和 211Å 的濾鏡通道下，冕洞顯而易見，並在拍攝出來的太陽表面影像中，呈現出其大面積的暗沉區域（見圖表 4-8）。

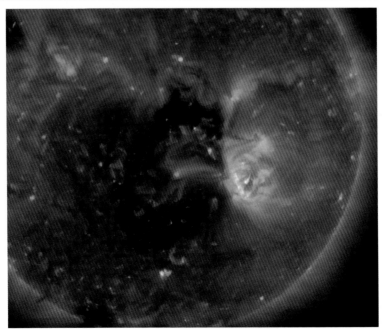

圖表 4-8　由 SDO/AIA 211Å 濾鏡通道所觀測到的冕洞。

其他的小型特徵：譜斑、小黑點與米粒組織

這些是什麼？

在太陽的光球層上還有其他小型的現象與特徵，例如譜斑雖然帶有磁場，卻不足以形成太陽黑子，因此只會形成比光球層稍亮一點的斑塊；小黑點（Pores，*或稱氣孔*）與太陽黑子相似但缺少半影的結構；米粒組織（Granulation）則是太陽表面下對流胞的頂部（見右頁圖表 4-9）。

我能在家門外看到什麼？

由於譜斑、小黑點與米粒組織都是光球層的特徵，可以透過白光太陽望遠鏡觀察到它們。然而，它們在太陽面上顯得相當微小，特別是米粒組織，因此需要使用大口徑的望遠鏡才能看見。

如何在網路資料庫中找到它們？

在觀測光球層的儀器中，這些特徵顯而易見，例如 SDO/AIA 的 4500Å、1600Å、1700Å 與 HMI 磁場強度圖。米粒組織則是太陽上一直都存在的結構，因此上述三個波長的濾鏡通道都可觀察到。

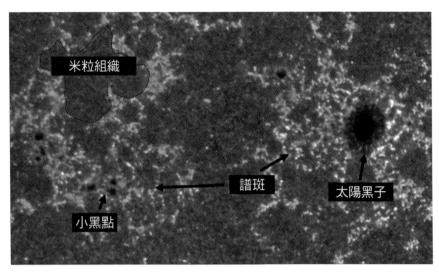

圖表 4-9　SDO/AIA 觀測中的小黑點、譜斑與米粒組織。

周邊減光

它是什麼？

　　周邊減光（Limb Darkening）是指在我們視線上看到的太陽，中心最亮而越往邊緣（limb）就顯得越暗。

　　當我們看向太陽正中心時，會看到更多來自太陽表層中較深處的光，而較深的光來自較高溫的電漿，反之看向太陽邊緣時，這些相對上些微低溫的電漿，就會使得邊緣顯得較為昏暗。

我能在家門外看到什麼？

　　周邊減光在光球層上最為明顯，對於視力好的人來說，

透過白光望遠鏡就能清楚觀察到這個現象（見圖表 4-10）。

如何在網路資料庫中找到它們？

　　在 SDO/AIA 的 4500Å、1600Å 和 1700Å 影像中，你將很容易發現光球層上的周邊減光現象。

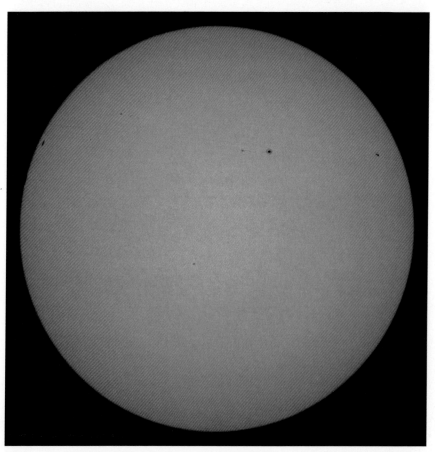

圖表 4-10　周邊減光現象，由 SDO/AIA 4500Å 拍攝。

第 5 章

下次日食何時出現？

當日食進入全食階段，四周的動物會出現怪異的行為，例如：鳥囀忽然停歇、牧場中的動物開始休息入睡、昆蟲或青蛙開始鳴叫 —— 因為牠們都將日全食誤認為夜晚。

　　對於太陽物理學家而言，行星所造成最有趣的現象，就是經過太陽的面前的景象。

　　太陽系目前已知有 8 顆行星，但是只有水星與金星比地球靠近太陽，它們的公轉軌道在地球的公轉軌道之內，因此就有機會「擋」在我們與太陽之間。

　　此外，水星、金星其他行星則是有機會出現在太陽斜後方，而此時它們反射的陽光，就可能讓 SOHO/LASCO 的日冕儀捕捉到這些行星的身影，其中最常見的是金星和火星。然而行星最有趣的部分，還是運行到地球與太陽之間而擋住陽光，這個現象稱為「行星凌日」（planetary transit）。

　　地球、金星與水星繞行太陽一周的公轉週期，分別為 365.25 天（地球日）、225 天與 88 天，雖然不同行星軌道運行軌道所形成的平面，彼此之間的角度差異不大，但也並非完全相同，因此在地球上的我們看來，水星與金星通常都是從太陽的上方或下方經過，也就是說「凌日」的狀況不常發生。

只有水星和金星才有的現象

　　水星凌日（見右頁圖表 5-1）**在每個世紀中會發生 13 次 ～ 14 次**，但是每次間隔的時間都不相同，有些情況下會在 3 年 ～ 4 年間發生兩、三次，下一次可能就得等上 10 年或更久。近期的水星凌日發生在 1999 年、2003 年、2006 年、2016 年和 2019 年，而遺憾的

是下一次得等到 2032 年的 11 月 13 日。

　　凌日現象會持續數小時的時間，地球上大約有三分之一的人能看見，不過在我們的視線上，水星對比於太陽還是很小，因此水星凌日就像太陽出現一個小黑點，雖然所有太陽望遠鏡或是太陽投影儀都可以觀測到，但是沒有放大效果的日食眼鏡就無法勝任。

　　金星凌日的狀況就不太相同，在實際尺寸上，金星明顯比水星大且距離地球更近，因此在視線上的金星就比水星大得多。

　　在金星凌日的期間，僅使用日食眼鏡而不須放大就可以觀看到這個現象，然而太陽望遠鏡與太陽投影儀仍然是更好的選擇，你將可以看到如同下頁圖表 5-2 的視野，也會顯得更震撼。

　　可惜的是，本書所提供觀看金星凌日的建議，似乎無法配合可以觀測的時間，因為前兩次金星凌日已發生於 2004 年和 2012 年，

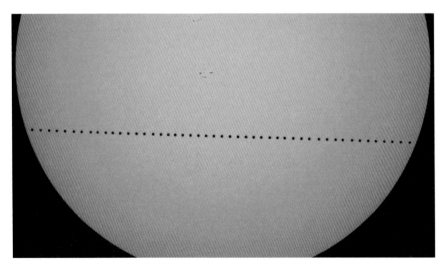

圖表 5-1　水星凌日，需要透過有放大效果的望遠鏡或投影儀才能觀測到。

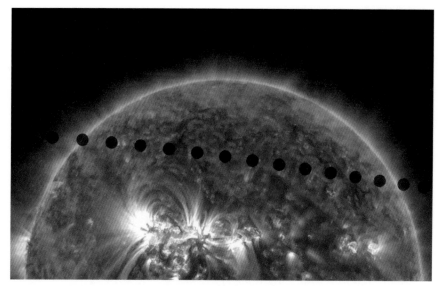

圖表 5-2　金星凌日，透過日食眼鏡即可觀察。

下一次卻要等到 2117 年的 12 月 11 日。如果你有機會看到，不妨先在日曆上標註出來，順道一提，那天是星期六。

往後 10 年的日食哪裡看？

　　從地球上看出去，會擋住太陽的天體並非只有水星與金星，另外一個會擋住太陽的天體——月球，造就了無人不知的天文現象：日食。如同地球繞行太陽公轉，月球也會繞行地球公轉，雖然兩個公轉形成的平面很相近，卻並非完全相同。

　　當這兩個軌道對齊時（這種情況每年大約兩次），我們就有機會看到日食與月食。

當地球、太陽與月亮的直線排列方式為：日→月→地時，我們會看到日食；當排列為日→地→月，則會看到月食；這個排列還有第三種情況，就是月→日→地，並與上述的現象構成三種天文奇景：「日食、月食、世界末日」，第三種只是天文學上的一個笑話，而我必須發表一項免責聲明：第三種情況不可能出現在現實的物理世界中。

日全食是自然界一場絕美的演出，即使你不是天文迷，但是當月球完全遮擋太陽而顯現出來的日冕，也是必看的奇景。

日全食平均發生一次的機率為 18 個月，並且在地表上只有大約 150 公里寬的帶狀區域，會短暫出現完全遮擋的全食階段。

日全食只會發生在朔月當日，每次的日全食都會從太陽局部被遮住的偏食階段開始，而從太陽表面發生虧損到全部被遮住，大約需要 1 小時～ 2 小時。

在初虧之後，月球逐漸加大覆蓋太陽的比例，但是在這個過程中，由於人眼能適應光線的改變，因此我們在視覺上並不會察覺到太陽光線的變化，直到月球遮擋住 80％的太陽後，視覺上才會發現光線已經減弱。

在這個階段中，陽光透過樹葉縫隙灑落在地上時，就會出現很多新月形狀的亮斑，而如果要安全的觀測太陽，則必須使用日食眼鏡或是太陽望遠鏡。隨著接下來太陽虧損的比例增高，陽光會越來越昏暗，四周的溫度也會明顯下降，這是一個逐漸變化的過程，但是接下來的現象卻只會發生在一瞬間。

在偏食階段的最後幾秒鐘，太陽面的最後一小塊區域，逐漸被

月面邊緣上不規則的環形山遮擋，形成閃耀而逐漸變小的亮點，這個現象稱為倍里珠（Baily's beads）。

在倍里珠的兩側，太陽色球層在月球遮擋下，會展現一道鮮豔的粉紅色光弧。在倍里珠消失後，月球已經完全遮擋住太陽，天空就如同夜晚時分，行星與明亮的恆星變得清晰可見，而原先太陽的位置將會出現超越你想像的景象，沒有照片可以真實呈現出來。

這時太陽消失，天幕上如同被挖開一個圓洞，而洞的四周則發散著鵝絨般的日冕。在非日食觀測的情況下，為了透過望遠鏡觀察日冕，科學家必須專門建造日冕儀來遮擋視野中的太陽面，而在日全食的階段，月球就是地球的日冕儀，也唯有在這個當下，使用肉眼直視太陽是完全安全的行為（見右頁圖表 5-3）。

由於每次日食發生時，地球與月球在軌道上的運行都略有不同，以及所處日全食路徑的不同位置，可以欣賞日全食的時間介於 1 分鐘 ～ 5 分鐘左右，有時還可以更長。

當日食進入全食的階段，四周的動物將會出現怪異的行為，例如鳥囀忽然停歇、牧場中的動物會開始休息入睡，昆蟲或青蛙開始鳴叫——因為牠們都將日全食誤認為夜晚。

當第一道陽光從月球上的山谷升起，而照耀到地球上時，我們又會看到閃爍的倍里珠，而這些光芒與可見的色球層與日冕，形成如同鑽戒的鑽石環（diamond ring），於此同時，全食的階段就宣告結束。

接下來的偏食階段，就必須重拾日食眼鏡才能觀看太陽，太陽虧損的面積將逐漸縮小，直到日食完全結束。

　　在日全食路徑之外，地表上還有很廣闊的區域可以觀看到日偏食，雖然日偏食也相當有趣，卻遠不及日全食所呈現的震撼。

　　許多人會誤以為 99％的日偏食就等於日全食，然而事實絕非如此。即使月球遮蔽太陽表面到僅剩 0.01％，陽光也會相當刺眼，而無法觀看日冕或是其他有趣的全食現象。

　　雖然上一段提到日食發生的週期為 18 個月，但是它可能發生在地球上其他地方，因此如果要在家鄉看到日全食，可能要等待數百年之久。

圖表 5-3　日全食，唯一可以透過肉眼直視太陽的時候。

　　我認為，每個人都應該懷抱著在有生之年看一次日全食的夢想，因此你需要規畫對應的旅程，圖表 5-4 列出 2023 年～ 2034 年所有日全食發生的時間，以及日全食路徑所經過的國家與地區，若想了解更確切的路徑範圍，可以查詢 timeanddate.com 網站，其中有許多非常實用的資料。

　　日全食之所以會發生，是因為太陽的直徑是月球的 400 倍，而兩者與地球的距離也剛好相差 400 倍，因此在天空中，月球看起來就幾乎與太陽一樣大。

2023 年～ 2034 年日全食列表	
日期	地點
2024年4月8日	墨西哥、美國、加拿大
2026年8月12日	格陵蘭、冰島、西班牙
2027年8月2日	摩洛哥、西班牙、直布羅陀、阿爾及利亞、埃及、突尼西亞、利比亞、沙烏地阿拉伯、葉門、索馬利亞
2028年7月22日	澳洲、紐西蘭
2030年11月25日	納米比亞、波札那、南非、賴索托、澳洲
2031年11月14日	巴拿馬
2033年3月30日	俄國、美國（阿拉斯加）
2034年3月20日	奈及利亞、查德、蘇丹、埃及、沙烏地阿拉伯、科威特、伊拉克、阿富汗、巴基斯坦、印度、中國

圖表 5-4　2023 年～ 2034 年日全食出現的時間和地區列表。

如果月球在天空中顯得更小（確實會發生在月球軌道上的某些位置），就不會發生日全食，事實上太陽系其他行星與它們的衛星之間，都無法形成行星上的日全食。

日食現象除了偏食與全食之外，還有一種「日環食」（annular eclipse）（見圖表 5-5）。由於月球公轉軌道並非正圓，因此與地球的距離會時遠時近。

當月球在最靠近地球時如果適逢滿月，即是所謂的「超級月亮」（supermoon），此時月球在視覺上的大小比最遠時多了 7％；反之如果在地球、月球、太陽剛好連成一直線時，月球在軌道的遠地點，那麼月球將無法完全遮擋太陽。在這種情況下，太陽面只會被遮住中心的大部分區域，而周圍仍然可見，形狀如同一個火環。

日全食與日環食有相近的發生頻率，大約 1 年 ～ 2 年會出現在世界上的某個區域。日環食的觀測如同日偏食，必須透過日食眼鏡、太陽望遠鏡或是針孔相機等專屬設備，才能安全的觀察這個現象。

圖表 5-5　日環食，至少必須以日食眼鏡觀察。

日食後有機會在兩週內看到月食

　　月食只會發生在滿月期間，由於食季（eclipse seasons，譯註：太陽在行經黃道與白道交點的前後 18°內，會形成一段為期大約 36 天的日食食季，期間將發生一至兩次的日食；而月食食季只有 24 天，小於一次 29.5 天的朔望月週期，因此最多只會有一次月食）會持續數個星期，因此日食的前後兩週就可能發生月食。

　　太陽照射地球的晝側，而夜側就會有一道地球的陰影，當滿月的月球運行到陰影邊緣時，月球的邊緣也會變暗，甚至逐漸消失到僅剩微弱的紅光，這個現象就是月食。

　　至於紅光的由來，是因為一小部分的陽光受到地球大氣層的折射，進而照到月球的表面上，而由於這些陽光通過地球邊緣的大氣層，因此就如同我們在地球上看到朝陽或夕陽的紅光（見第 190 頁圖表 5-7）。

　　如果地球沒有大氣層，那麼月全食期間月亮將進入完全的黑暗狀態。事實上，如果你能在月全食期間待在月球上，將會看到地球

圖表 5-6　日全食前後各個階段。

周圍有紅色的光環，而這就是地球上所有正在經歷的日落與日出。

　　月食發生的頻率與日食相當（譯註：月食發生的頻率略低於日食），但是由於可見的區域更大、持續時間更長（從開始到結束往往長達數小時），只要你留意天文的新聞，未來 10 年內就有機會在家門口看到月食。

　　觀賞月食不須借助任何特殊設備，只要留意時間、為自己準備合適的衣服，選擇附近空曠一些的地點，以及一顆期待的心即可。

　　如果要留下影像紀錄，或是增強觀看時的體驗，不妨準備相機、雙筒望遠鏡或是天文望遠鏡，而操作與觀看月食的方式就如同觀看平常的月球一樣。

　　第 191 頁圖表 5-8 為 2034 年之前，可以觀看月食的時間與地點。

　　月食發生時，可以觀看到的區域相當廣大，因此這份列表僅提供大致上可以觀看的陸地區域，如果你需要完整地圖與位置，請參閱 timeanddate.com 網站上的月食地圖。

　　日食與月食，不僅在不同的文化和歷史中有著各自的意義，在現今的科學中更是有著重要的貢獻。

圖表 5-7　月全食，只會發生在滿月期間。

末日電影最喜歡引用的星體

　　太陽系並非只由太陽、行星與衛星組合而成的孤單系統，而是還有著大量繞行太陽公轉的小型天體所組成的熱鬧家族。

　　截至目前為止，我們已發現的小型天體中有 6 顆矮行星、大約 4,000 顆彗星、以及近 100 萬顆的小行星。

2023 年～ 2034 年月全食列表	
日期	地點
2025 年 3 月 13 日～ 14 日	北美洲、南美洲西部
2025 年 9 月 7 日～ 8 日	東非、亞洲、大洋洲西部
2026 年 3 月 2 日～ 3 日	東北亞、澳洲東部、太平洋、北美洲西部
2028 年 12 月 31 日～ 2029 年 1 月 1 日	東北歐、亞洲、大洋洲、北美洲北部
2029 年 6 月 25 日～ 26 日	北美洲東部、南美洲、大西洋、非洲西部
2029 年 12 月 20 日～ 21 日	北美洲北部、歐洲、非洲、西亞
2032 年 4 月 25 日～ 26 日	東亞、大洋洲
2032 年 10 月 18 日～ 19 日	東歐、東非、亞洲、大洋洲西北部
2033 年 4 月 14 日～ 15 日	東非、中亞西部、大洋洲西部
2033 年 10 月 7 日～ 8 日	東北亞、大洋洲東部、太平洋、北美洲西部

圖表 5-8　2023 年～ 2034 年可以觀看到月全食的時間和地區列表。

　　許多科學家認為，太陽系實際包含的彗星、小行星與其他天體的數量，將會達到數十億，而它們的軌道幾乎都在海王星之外。

　　這些小型天體主要分布在太陽系的三個區域，首先是小行星帶（Asteroid belt），顧名思義就是由許多小行星繞行太陽而形成的帶狀區域，軌道介於火星與木星之間。

　　其次是位於海王星軌道外的柯伊伯帶（Kuiper belt），這是一個扁平的環型帶狀區域，與行星公轉的軌道在相同的平面上。

　　第三個區域是歐特雲（Oort cloud），位於地球與太陽距離 2,000 至 200,000 倍的位置上，與前述兩個扁平帶狀區域不同，歐特雲是

一個巨大的球體，其中包含許多石塊與冰所組成的小天體。由於歐特雲巨大且距離太陽相當遙遠，當中部分的小天體可能會與其他恆星的歐特雲產生交互影響。

目前新發現的彗星大多數來自歐特雲，而這些彗星通常要花費數十萬年才會進入內太陽系（譯註：小行星帶以內的太陽系區域），有些類別中的彗星會週期性的出現，例如著名的哈雷彗星，它每75年左右會造訪一次內太陽系，而下一次我們將在2061年7月的天空中看到它回歸。

前一段時間最受矚目的彗星是尼歐懷茲彗星（C/2020 F3，Comet NEOWISE），它為當年夏季的天空增加不少光彩，是許多人在新冠疫情的徬徨中，見到的一座奇蹟燈塔。

運行在軌道上的彗星大多處於冰冷而堅硬的狀態，當他們越來越接近太陽而獲得熱能時，表面上的冰會昇華或蒸發成氣體而形成彗尾（彗星有兩條尾巴，一條是受太陽風磁場影響，筆直遠離太陽的離子尾；另一條是受太陽重力與光壓影響，較為發散的塵埃尾）。

當透過LASCO這類的日冕儀觀測太陽時，偶爾會有未知或新的彗星進入望遠鏡的視野，隨著他們越來越接近太陽，彗星往往也會越明亮，直到繞行到太陽的後方，或是經過太陽的正面而使得我們無法觀測，這類彗星就稱為「掠日彗星」（Sungrazing comets）。

由於多數掠日彗星的發現，是來自LASCO的觀測結果，這就意味著在進入日冕儀的視野之前，科學家們並未發現這些彗星，也無法預測它（見右頁圖表5-9）。

圖表 5-9　SOHO/LASCO 拍攝的掠日彗星。

當掠日彗星太接近太陽而無法觀測後，也許過一陣子會看到它倖存下來，沿著不同的軌道出現在太陽的另一側；但是也可能在接近太陽時蒸發殆盡，使得掠日前的觀測成為它最後的身影，而從此太陽系就少了一顆彗星。

太陽也會分身？

有時候，陽光造成的美麗現象會帶給我們意外的驚喜。即使經過本書的介紹，我們也常常沒有意識到生活中風和日麗時看到的太陽，也正是那顆不斷進行核融合與發出太陽閃焰的太陽。

我們肉眼無法看到陽光當中的許多樣貌，但是透過大氣層的影響，卻會展現出很多複雜的現象。

藍色的晴空，是因為藍光波長較短而容易在大氣中散射；傍晚時分天空變為橘紅色，則是因為陽光在大氣層內穿越了更長的距離，也因此遭遇更多的空氣粒子。

當下雨使得空中有許多雨滴與水珠時，若有陽光照射到這片區域，太陽的白光就會被分散成各種顏色，並且投射出陽光的光譜，也就是大家熟知的彩虹。

彩虹的形成與科學家利用望遠鏡研究太陽光譜有著相同的物理原理。在一些特定的條件下，如果大氣當中有冰晶，我們就可能看到太陽的周圍出現陽光的光譜，這種罕見的大氣光學效應稱為「幻日」（parhelion，也稱為 sundog、mock Sun）（見圖表 5-10）。

下一次當你在陽光明麗的天氣中外出，並感受溫暖的陽光灑落在你的臉龐時，請記得這種讓身體感受到溫熱的光，正是天文學家用來揭開太陽奧祕的光波。

圖表 5-10　看起來有三個太陽的幻日現象。

第６章

資源與詞彙

電腦軟體與網路資源

- **Helioviewer**：

  www.helioviewer.org 。下述軟體的線上版本，功能略有縮減。

- **JHelioViewer**：

  www.jhelioviewer.org。本軟體可整合各種軌道望遠鏡的影像資料，製作出太陽影片和靜態影像。

- **Solar Monitor**（太陽監測網）：

  www.solarmonitor.org。展示太陽最新影像的網站。

- **The Sun Now**（SDO 網站中的即時太陽影像）：

  sdo.gsfc.nasa.gov/data/。美國 NASA 太陽動力學觀測站的最新影像。

- **Time and Data**：

  www.timeanddate.com/eclipse/。所有即將發生日食的位置與時間。

- **American Astronomical Society**（美國天文學會）：

  www.eclipse.aas.org。提供安全觀測日食的資源與說明。

- **National Oceanic and Atmospheric Administration**

  （美國國家海洋暨大氣總署）：

  www.swpc.noaa.gov/products/goes-x-ray-flux。太陽軟性 X 光的即時測量圖，顯示最近的太陽閃焰。

- **Met Office** 英國氣象局：

  https://www.metoffice.gov.uk/weather/learn-about/space-weather/uk-scales。提供有關太空氣象所造成影響的資訊列表。

  https://www.metoffice.gov.uk/weather/specialist-forecasts/space-weather。太空氣象的雙日預報。

名詞對照與解釋

Absorption spectrum 吸收光譜

電漿吸收光子而使得太陽光譜中的光線出現衰減，主要發生區域為光球層和色球層。

Active region 活躍區域

日冕中具有強大而複雜磁場的區域，通常位於太陽黑子的上方。

Atom 原子

我們的宇宙由原子組成，而原子則是由原子核（質子與中子）與外圍的電子雲所組成。

Aurora 極光

高能量粒子撞擊地球大氣層時產生的光輝。在南北半球都會出現，發生於北半球就稱為北極光，而發生在南半球則稱為南極光。

Barycentre 質心

兩個或多個物體之間的質量中心，天體會沿著共同的質心在軌道中運行。

Blackbody 黑體

完美的輻射發射體和吸收體，波長的峰值取決於物體的溫度。

Black hole 黑洞

大型恆星的命運終點，黑洞中心有一個無限緻密的奇異點。它巨大的重力將使得光線無法逃脫。黑洞的邊界稱為事件視界。

Bow shock 艏震波

由於地球磁層頂和太陽圈頂內外兩側的密度、壓力和溫度不同，形成突然不連續的面而出現的效應。

Carrington event 卡林頓事件

人類觀測史上最大的磁暴事件，發生於 1859 年 9 月 1 日～9 月 2 日。

Chromosphere 色球層

太陽大氣層的底部，太陽溫度最低的分層區域。

Corona 日冕

太陽大氣層的主要區域，溫度大約為 100 萬℃。

Coronal heating problem 日冕加熱問題

為什麼太陽日冕比光球層更高溫的未解之謎。

Coronal hole 冕洞

日冕中磁場遠離而開放的區域，此處產生的太陽風有更快的速度。

Coronal mass ejection 日冕巨量噴發（CME）

太陽大氣層中，大量電漿噴發的現象。

Dipole 磁偶極

最簡單而基本的磁場，有一個 N 極和一個 S 極。

Doppler shift 都卜勒位移

當波源（光波、聲音）和觀察者之間有不同的相對速度，會使得觀察者接收到不同波長的波。

Dungey cycle 鄧基循環

太陽風和地球磁層之間的磁重聯循環，導致極光的發生。

Electromagnetic spectrum 電磁波譜

從伽瑪射線到無線電波波長範圍的光。

Electromagnetism 電磁力

此種力當中包含帶電物體之間產生的電力和磁力，為自然界四種基本力之一。

Electron degeneracy 電子簡併壓力

電子與電子之間相互抵抗的壓力，可阻止白矮星的塌縮。

Emission spectrum 發射光譜

太陽光譜中較為明亮的部分，來自於日冕中電漿所散發的光子。

Event horizon 事件視界

黑洞的邊界，其定義為在邊界內，即使是光也無法逃逸出去。

Exoplanet 系外行星

太陽系外其他恆星周邊所運行的行星。

Filament 絲狀體

懸浮在太陽大氣中的稠密電漿，在我們視線上位於太陽面上（等同於在視線上太陽邊緣的日珥）。

Flux rope 磁管束

太陽大氣中複雜而扭曲的磁場結構。

Geoeffectiveness 地磁效度

太陽風或日冕巨量噴發，在地球上引發磁暴的能力。

Geomagnetic storm 磁暴

受到日冕巨量噴發或高速太陽風的影響，而導致地球磁力線的崩裂，從而形成極光並干擾現代的科技生活。

Goldilocks zone 適居帶

恆星周圍的一個區域，此處的溫度剛好能讓水維持在液態。

Granulation 米粒組織

光球層的精細結構，成因為太陽表面下的對流。

Gravity 重力

物質因為具有質量而彼此吸引的力，質量越大則吸引力越明顯，為自然界四種基本力之一。

Halo CME 環狀日冕巨量噴發

對地球上的觀察者而言，背向遠離或朝向我們而來的日冕巨量噴發。

Heliopause 太陽圈頂

太陽圈前緣與星際空間的邊界。

Heliosphere 太陽圈

包含太陽磁場以及太陽系所有行星的區域。

Hertzsprung-Russell diagram 赫羅圖

藉由將許多恆星的亮度與溫度繪製成一張關係圖，以此分類出不同種類的恆星。

Ion 離子

在本書中是指原子失去一個或多個電子，成為帶有正電荷的狀態。

Lunar eclipse 月食

滿月進入地球陰影所形成的現象，地球大氣層折射的紅光會在本影區照亮月球。

Magnetic reconnection 磁重聯

將磁場重整為較低能量狀態的過程，期間會釋放能量。

Magnetohydrodynamics 磁性流體力學

結合流體力學與電磁學來研究電漿行為的科學領域。

Magnetopause 地球磁層頂

在地球面向太陽的一側，地球磁層與太陽風之間的邊界。

Magnetosphere （行星）磁層

圍繞行星（例如地球）的磁場。

Magnetotail 磁尾

行星磁層在背向太陽的一側，受到太陽風拖曳拉長的現象。

Main sequence star 主序星

處於演化當中主要階段的恆星，在核心的區域，氫會藉由核融合的過程而形成氦。

Maunder minimum 蒙德極小期

太陽表面相當沉寂的時期，發生在 1645 年～ 1715 年之間。

Nanoflare 毫微閃焰

微型的太陽閃焰，尺度遠小於目前儀器的觀測極限，也是日冕加熱問題的可能解釋。

Nebula 星雲

太空中的雲氣，在小型望遠鏡的觀察中會呈現模糊的樣貌。

Neutron degeneracy 中子簡併態

在此狀態下的中子之間會有相互抵抗的力，以阻礙中子星的塌縮。

Neutron star 中子星

中型到大型恆星在死亡後，藉由中子簡併壓力所支撐的最終狀態。

Nuclear fission 核分裂

將一種較重的元素分裂成兩種或更多種較輕元素的過程，比鐵重的元素可藉由分裂而產生能量。

Nuclear fusion 核融合

將兩個或多個較輕的元素結合成一種較重的元素，比鐵還輕的元素在融合的過程中會釋放能量。

Ozone layers 臭氧層

地球平流層中的一個分層區域，能夠有效阻擋太陽的有害紫外線。

Parker spiral 帕克螺旋

由於太陽風底部的太陽自轉，因而形成的螺旋太陽風結構。

Penumbra 半影

在太陽黑子內，邊緣較亮的區域。

Perihelion 近日點

天體在軌道上距離太陽最近的位置。

Photon 光子

以光波方式傳遞的能量包。

Photosphere 光球層

產生我們所見陽光的太陽表層。

Plage 譜斑

太陽黑子附近稍亮的斑塊。

Planetry nebula 行星狀星雲

中小型恆星在演化的晚期，會將其外層驅散到太空而形成的星雲。

Plasma 電漿

由高溫的電子和離子所形成的流體，在較大的區域中，整體會呈現電中性的狀態。

Pore 小黑點

類似太陽黑子，但是較小而沒有半影的區域。

Prominence 日珥

當懸浮在太陽大氣中的稠密電漿，出現在太陽邊緣時即為日珥（當它出現在太陽面上則稱為絲狀體）。

Quarks 夸克

一種基本粒子，質子和中子即是由夸克組成。

Radio blackout 無線電中斷

當地球受到太陽閃焰中 X 光的影響，大氣層高處因為膨脹而造成無線電訊號無法傳輸。

Red giant 紅巨星

中小型恆星在演化中的某個階段，此時氦融合成更重的元素，將成為恆星主要的能量來源，而恆星也會膨脹得更為巨大。

Red supergiant 超紅巨星

大質量恆星演化中的某個階段，此時的核融合會不斷形成更重的元素（直至鐵為止），恆星也會明顯膨脹。

Ring fusion 環狀融合

當恆星核心的核融合反應消耗完附近的氫，因而輕微坍縮後，重新生成的核心周圍，由氫形成的渦環再次點燃的核融合反應。

Seeing 視寧度

觀測者或是天文臺上方的大氣層，影響天文觀測品質的程度。

Single event upset 單事件翻轉

由突發電子（例如來自太陽閃焰的電子）侵入儀器的電子系統，導致出現功能上的錯誤。

Solar continuum （Sun's continuum） 太陽連續光譜

太陽的黑體輻射光譜，而光譜的型態取決於太陽的溫度。由於太陽大氣層當中的電漿會吸收或發射某些波長的光，因此太陽光譜中就會出現許多亮暗不等的譜線。

Solar cycle 太陽週期

太陽活動從逐漸活躍又回到沉寂的時間大約為 11 年，即是一個太陽週期。

Solar disk 太陽（盤）面

太陽表面在我們觀察中，視線上所見到的圓盤面。

Solar dynamo 太陽發電機

產生太陽內部全星球性磁場的機制。

Solar eclipse 日食

朔月經過地球和太陽之間所形成的現象。當太陽完全被月球遮擋而看不到任何太陽表面時，稱為「全食」。

Solar energetic particles 太陽高能粒子

在太陽閃焰發生的期間，有些質子和電子會獲得能量而加速到高速的狀態，這些粒子會干擾所經之處的電子系統。

Solar flare 太陽閃焰

當太陽表面的磁場發生磁重聯，使得大氣當中的電漿升溫、粒子獲得加速和產生耀眼光芒的現象。

Solar limb 太陽邊緣

太陽在我們視線中的邊緣。

Solar radiation storm 太陽輻射風暴

地球受到太陽高能粒子的影響，往往會造成許多電子系統的癱瘓。

Solar wind 太陽風

從太陽大氣層持續向外發出的電漿流，在太空中行進的秒速為 400 公里～ 700 公里。

Space weather 太空氣象

太陽活動對地球和地球附近的人造衛星與太空人的影響。

Spectropolarimetry 分光偏振法

透過研究太陽的光譜，了解相關磁場的方法。

Stealth CME 隱形日冕巨量噴發

太陽面上沒有明顯來源區域的日冕巨量噴發。

Stellar flare 恆星閃焰

發生在其他恆星（而非我們太陽）上的閃焰。

Strong nuclear force 強交互作用

將夸克結合在一起形成質子和中子的力，為四種基本力之一。

Sunquake 日震

太陽閃焰期間由於能量爆炸性釋放，造成太陽表面震動的現象。

Sunspot 太陽黑子

太陽光球層中較低溫而相對暗沉的區域。當光球層上出現局部的強大磁場，就會抑制高溫電漿的回流，因此產生太陽黑子。

Superflare 超級閃焰

極大的恆星閃焰，比最大的太陽閃焰還要大上數百至數千倍。

Supernova 超新星

當一顆大質量恆星嘗試將鐵進行核融合時，由於無法再由融合產生能量以抵抗塌縮，接下來的過程就會引起恆星死亡的巨大爆炸。

Transition region 過渡區

色球層和日冕之間的區域，雖然厚度不高，但是溫度卻會隨著高度增高而迅速提升。

UK National Risk Register 英國國家風險評估

將所有影響英國的潛在災害，按照發生機率做成的列表。

Umbra 本影

太陽黑子當中，位於中間處更暗沉的黑斑。

Wave-heating　波加熱

沿著磁場振動的能量將電漿加熱的物理現象，是日冕加熱問題的可能原因。

Weak nuclear force　弱交互作用

太陽中引起氫融合的力，為四種基本力之一。

White dwarf star　白矮星

中小型恆星演化過程的最終狀態，由電子簡併壓力抵抗塌縮。

Zeeman splitting　季曼分裂

由強大的磁場導致的譜線分裂。

圖片出處

致謝

格林威治皇家博物館數位與資料部資深天文經理 Ed Bloomer 博士提供專業編輯支援。

格林威治皇家博物館出版主任 Louise Jarrold 提供編輯支援。

國家圖書館出版品預行編目（CIP）資料

近看太陽：格林威治皇家天文臺認證，極光、太陽
黑子、閃焰、磁暴……美麗又危險的影響地球與人
類，全球唯一太陽專書。／雷恩‧法蘭西（Ryan
French）著；藍仕豪譯 . -- 初版 . -- 臺北市：大是文
化有限公司，2024.09
224 面；17×23 公分 . --（Style；94）
譯自：The Sun: Beginner's Guide to Our Local Star
ISBN 978-626-7448-81-6（平裝）

1. CST：太陽

323.7   113007982

Style 094

近看太陽

格林威治皇家天文臺認證，極光、太陽黑子、閃焰、磁暴……
美麗又危險的影響地球與人類，全球唯一太陽專書。

作　　者／雷恩・法蘭西（Ryan French）
譯　　者／藍仕豪
責任編輯／張庭嘉
校對編輯／陳家敏
副總編輯／顏惠君
總　編　輯／吳依瑋
發　行　人／徐仲秋
會計部│主辦會計／許鳳雪、助理／李秀娟
版權部│經理／郝麗珍、主任／劉宗德
行銷業務部│業務經理／留婉茹、行銷經理／徐千晴
　　　　　　專員／馬絮盈、助理／連玉、林祐豐
行銷、業務與網路書店總監／林裕安
總　經　理／陳絜吾

出　版　者／大是文化有限公司
　　　　　　臺北市 100 衡陽路 7 號 8 樓
　　　　　　編輯部電話：（02）23757911
　　　　　　購書相關諮詢請洽：（02）23757911 分機 122
　　　　　　24 小時讀者服務傳真：（02）23756999
　　　　　　讀者服務 E-mail：dscsms28@gmail.com
　　　　　　郵政劃撥帳號：19983366　戶名：大是文化有限公司

法律顧問／永然聯合法律事務所
香港發行／豐達出版發行有限公司 Rich Publishing & Distribution Ltd
　　　　　香港柴灣永泰道 70 號柴灣工業城第 2 期 1805 室
　　　　　Unit 1805, Ph. 2, Chai Wan Ind City, 70 Wing Tai Rd, Chai Wan, Hong Kong
　　　　　Tel：21726513　Fax：21724355　E-mail：cary@subseasy.com.hk

封面設計／蔡文容　內頁排版／林雯瑛
印　　刷／鴻霖印刷傳媒股份有限公司
出版日期／2024 年 9 月初版
定　　價／新臺幣 560 元（缺頁或裝訂錯誤的書，請寄回更換）
Ｉ Ｓ Ｂ Ｎ／978-626-7448-81-6
電子書 Ｉ Ｓ Ｂ Ｎ／9786267448793（PDF）
　　　　　　　　9786267448809（EPUB）